JN129880

h 同境定理

*h*同境定理

LECTURES ON THE *h*-COBORDISM THEOREM

J. W. ミルナー

松尾信一郎 監訳

川辺治之 訳

岩波書店

LECTURES ON THE h-COBORDISM THEOREM

BY JOHN MILNOR

Notes by L. Siebenmann and J. Sondow

First Published 1965 by Princeton University Press

目　次

第0章　はじめに

これは，プリンストン大学で1963年10月と11月にジョン・ミルナーが行った微分トポロジーに関するセミナーの講義録である．

W を境界付きの滑らかなコンパクト多様体で，その二つの境界成分 V と V' がともに W の変位レトラクトであるようなものとする．このとき，W は V と V' の間の **h 同境**(h-cobordism)であるという．**h 同境定理**(h-cobordism theorem)は，V と(したがって) V' が単連結であり，次元が 4 より大きいならば，W は $V \times [0,1]$ と微分同相であり，(その結果として) V と V' は微分同相であると主張する．この証明は，スティーヴン・スメール[6]による．この定理には多くの重要な応用がある．そのいくつかの応用は，5次元以上での一般ポアンカレ予想の証明を含めて第9章に示す．しかし，この講義の主たる目的は，h 同境定理そのものの証明を詳細に述べることである．

非常におおまかな証明の流れは次のとおりである．まずは，W に対するモース関数を構成する．すなわち，$V = f^{-1}(0)$ かつ $V' = f^{-1}(1)$ である滑らかな関数 $f\colon W \to [0,1]$ で，臨界点は有限個であり，それらがすべて非退化で，W の内部にあるようなものを構成する(定理2.5)．h 同境定理の証明は，W が前述のようなモース関数で臨界点をもたないようなものを許容するとき(のみ)，W は $V \times [0,1]$ と微分同相になるという観察(定理3.4)が出発点である．そこで，第4章から第8章では，h 同境定理の仮定の下で，与えられたモース関数 f が最終的にはすべての臨界点が取り除かれるまで単純にできることを示す．第4章では，臨界点 p の値 $f(p)$ が，その指数の増加関数になるように，f を調整する．第5章では，λ と $\lambda+1$ をそれぞれ指数とする臨界点 p, q の対が取り除けるための，すなわち「解消できる」

ための幾何的条件を与える．第6章では，単連結の仮定の下で，第5章の幾何的条件を代数的条件で置き換える．第8章では，第5章の結果を用いて，指数が0またはnの臨界点はすべて取り除き，指数が1と$n-1$の臨界点は同数のそれぞれ指数が3と$n-3$の臨界点で置き換えることができることを示す．第7章では，$2 \leq \lambda \leq n-2$に対して，同じλを指数とする臨界点の対は，それらの間で第6章の結果を繰り返し使うことによって，対としてすべての臨界点を解消できるように並び替えられることを示す．これで，h同境定理が証明される．

謝辞を二つ述べておく．第5章における議論は，「ハンドル体」を用いるスメールのもとの証明ではなく，fに対する勾配状ベクトル場を変更するM. モースの最近のアイディア[11,32]に着想を得た．この講義録では，明示的にハンドルやハンドル体に言及することはない．第6章では，デニス・バーデンの学位論文[33]による改良を取り入れた．具体的には，$\lambda=2$の場合の定理6.4に対する67-68ページの議論と，$r=2$の場合の定理6.6の主張である．

h同境定理は，いくつかの方向に一般化することができる．まだ誰もVとV'の次元が4よりも大きいという制約を取り除くことに成功していない*)．（102ページを参照のこと．）Vと（したがって）V'が単連結であるという制約を取り除くと，h同境定理は成り立たない．（ミルナー[34]を参照のこと．）しかし，さらに同時にV（またはV'）からWへの包含写像がJ. H. C. ホワイトヘッドの意味で単純ホモトピー同値であると仮定すれば，それでもh同境定理は成り立つ．この一般化は，メイザー[35]，バーデン[33]，スターリングスによるもので，s同境定理と呼ばれる．s同境定理やさらなる一般化については，とくにウォール[36]を参照のこと．最後に，PL多様体に対してもh同境定理やs同境定理が成り立つことに注意しておく．

*) （訳注）原書刊行後の進展については，監訳者解説を参照のこと．

第1章 同境圏

まず，お馴染みの定義をいくつか行う．ユークリッド空間を $\mathbb{R}^n = \{(x_1, \ldots, x_n) \mid x_i \in \mathbb{R},\ i=1, \ldots, n\}$ によって表す．ただし，$\mathbb{R}$ は実数全体の集合である．また，ユークリッド上半空間を $\mathbb{R}^n_+ = \{(x_1, \ldots, x_n) \in \mathbb{R}^n \mid x_n \geq 0\}$ によって表す．

定義 1.1 V を $\mathbb{R}^n$ の部分集合とするとき，写像 $f\colon V \to \mathbb{R}^m$ が**滑らか**(smooth)あるいは **C^∞ 級**(differentiable of class C^∞)であるとは，$\mathbb{R}^n$ の開集合 $U \supset V$ と写像 $g\colon U \to \mathbb{R}^m$ が存在して，すべての次数において g の偏微分が存在して連続であるようなものに拡張できることをいう．

定義 1.2 滑らかな n 次元多様体(smooth n-manifold)とは，第二可算公理を満たす位相多様体 W であって W 上の**微分構造**(smoothness structure) $\mathcal{S}$ が与えられたものである．微分構造 $\mathcal{S}$ とは，次の 4 条件を満たす組 (U, h) の集まりである．

(1) それぞれの $(U, h) \in \mathcal{S}$ は，(**座標近傍**(coordinate neighborhood)と呼ばれる)開集合 $U \subset W$ と，U を $\mathbb{R}^n$ または $\mathbb{R}^n_+$ の開集合の上に写す同相写像 h の組である．

(2) $\mathcal{S}$ に含まれる座標近傍は W を被覆する．

(3) (U_1, h_1) と (U_2, h_2) が $\mathcal{S}$ に属するならば，

$$h_1 \circ h_2^{-1}\colon h_2(U_1 \cap U_2) \to \mathbb{R}^n \quad (\text{または } \mathbb{R}^n_+)$$

は滑らかである．

(4) $\mathcal{S}$ は，条件(3)に関して極大である．すなわち，$\mathcal{S}$ に属さない (U, h) を $\mathcal{S}$ に追加すると，条件(3)は成り立たない．

W の**境界**(boundary)は，$\mathbb{R}^n$ と同相な近傍をもたないような W の点すべての集合であり(マンカーズ[5, p.8]を参照のこと)，∂W と表す．

定義 1.3　$(W; V_0, V_1)$ は，W が滑らかなコンパクト n 次元多様体であり，∂W が二つの開かつ閉である部分多様体 V_0 と V_1 の非交和のとき，**滑らかな多様体の三つ組**(smooth manifold triad)と呼ぶ．

$(W; V_0, V_1)$，$(W'; V_1', V_2')$ がともに滑らかな多様体の三つ組であり，$h\colon V_1 \to V_1'$ が微分同相写像(すなわち，同相写像で h と h^{-1} がともに滑らかであるようなもの)ならば，次の定理1.4によって，滑らかな多様体の三つ組 $(W \cup_h W'; V_0, V_2')$ を構成することができる．ただし，$W \cup_h W'$ は，V_1 と V_1' の点を h によって同一視することで W と W' から構成される空間である．

定理 1.4　$W \cup_h W'$ には，与えられた構造と整合的な微分構造 $\mathcal{S}$ (すなわち，それぞれの包含写像 $W \to W \cup_h W'$ と $W' \to W \cup_h W'$ がその像の上への微分同相写像であるようなもの)が存在する．

$\mathcal{S}$ は，V_0 と $h(V_1) = V_1'$ と V_2' を**固定する**微分同相写像の違いを除いて一意である．

証明は第3章で与える．

定義 1.5　二つの滑らかな n 次元閉多様体 M_0 と M_1 (すなわち，M_0 と M_1 はコンパクトかつ $\partial M_0 = \partial M_1 = \varnothing$)に対して，$M_0$ から M_1 への**同境**(cobordism)とは，五つ組 $(W; V_0, V_1; h_0, h_1)$ で，$(W; V_0, V_1)$ が滑らかな多様体の三つ組であり，$h_i\colon V_i \to M_i$ $(i = 0, 1)$が微分同相写像であるようなものである．M_0 から M_1 への二つの同境 $(W; V_0, V_1; h_0, h_1)$ と $(W'; V_0', V_1'; h_0', h_1')$ は，V_0 を V_0' に移し，V_1 を V_1' に移すような微分同相写像 $g\colon W \to W'$ で，$i = 0, 1$ に対して，図式

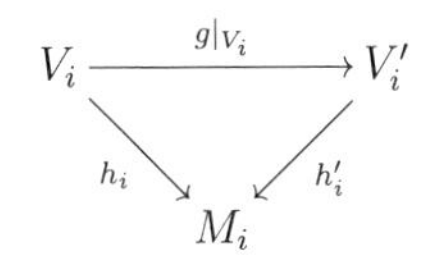

が可換であるようなものが存在するならば，**同値**(equivalent)という．

このとき，閉多様体を対象とし，同境の同値類 c を射とするような圏(アイレンバーグ-スティーンロッド[2, p. 108]を参照のこと)がある．これは，同境が次の2条件を満たすことを意味する．これらは，それぞれ定理1.4と系3.5から簡単に導くことができる．

(1) M_0 から M_1 への同境の同値類 c と M_1 から M_2 への同境の同値類 c' が与えられたとき，M_0 から M_2 への同境の同値類 cc' を矛盾なく定義できる．この合成演算は結合的である．

(2) すべての閉多様体 M に対して，恒等射である同境の同値類 ι_M がある．これは，$p_i(x,i)=x$ $(x\in M,\ i=0,1)$としたとき，$(M\times I; M\times 0, M\times 1; p_0, p_1)$ の同値類であり，c を M_1 から M_2 への同境の同値類とすれば，

$$\iota_{M_1}c = c = c\iota_{M_2}$$

となる．

$cc'=\iota_M$ であっても，$c'c$ は ι_M ではないことがありえる点に注意せよ．たとえば，図1.1において，c には，右逆元 c' はあるが，左逆元はない．一般に，同境の同値類に現れる多様体は連結であると仮定していないことに注意せよ．

M を固定して，M からそれ自身への同境の同値類を考える．これらは，モノイド H_M をなす．すなわち，積が結合的で，単位元をもつような集合である．H_M の可逆な同境の同値類は，群 G_M をなす．G_M の元のいくつかは，次の定理1.6において $M=M'$ とすることで構成できる．

微分同相写像 $h\colon M\to M'$ が与えられたとき，c_h を $(M\times I; M\times 0, M\times$

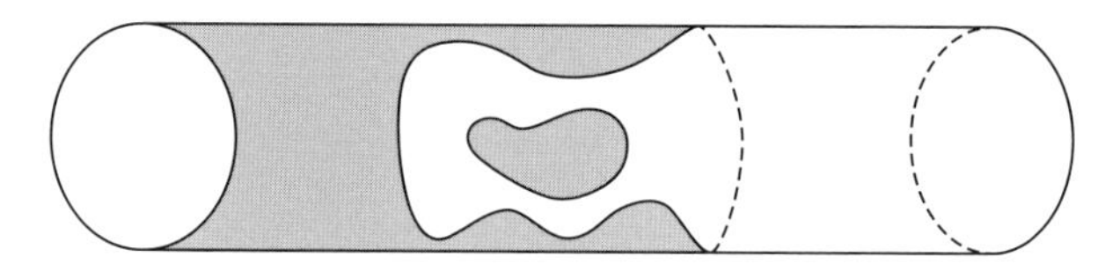

図 **1.1**　c は網掛けの部分，c' は網掛けでない部分

$1; j, h_1)$ の同境の同値類と定義する．ただし，$x \in M$ に対して $j(x,0)=x$ と $h_1(x,1)=h(x)$ である．

定理 1.6　任意の微分同相写像 $h\colon M \to M'$ と $h'\colon M' \to M''$ に対して，$c_h c_{h'} = c_{h' \circ h}$ が成り立つ．

証明　$W = M \times I \cup_h M' \times I$ とし，$j_h\colon M \times I \to W$ と $j_{h'}\colon M' \times I \to W$ を $c_h c_{h'}$ の定義における包含写像とする．そして，$g\colon M \times I \to W$ を次のように定義する：

$$g(x,t) = \begin{cases} j_h(x, 2t) & (0 \leq t \leq \frac{1}{2}) \\ j_{h'}(h(x), 2t-1) & (\frac{1}{2} \leq t \leq 1) \end{cases}$$

このとき，g は矛盾なく定義され，$c_h c_{h'}$ と $c_{h' \circ h}$ の同値を与える．　□

定義 1.7　二つの微分同相写像 $h_0, h_1\colon M \to M'$ は，次の 3 条件を満たす写像 $f\colon M \times I \to M'$ が存在するとき，**アイソトピック**((smoothly) isotopic) であるという．

(1)　f は滑らかである．

(2)　$f_t(x) = f(x,t)$ によって定義される f_t は微分同相写像である．

(3)　$f_0 = h_0$, $f_1 = h_1$.

また，二つの微分同相写像 $h_0, h_1\colon M \to M'$ は，$g(x,0) = (h_0(x), 0)$ かつ $g(x,1) = (h_1(x), 1)$ であるような微分同相写像 $g\colon M \times I \to M' \times I$ が存在するとき，**擬同位**(pseudo-isotopic)[*]であるという．

---

*)　マンカーズの用語では，h_0 は h_1 に「I 同境」であるという．([5, p. 62]を参照のこと．) ハーシュの用語では，h_0 は h_1 に「コンコーダント」であるという．

補題 1.8　アイソトピックと擬同位はともに同値関係である.

証明　対称律と反射律はあきらかである. 推移律を示すために, $h_0, h_1, h_2\colon M \to M'$ を微分同相写像とし, h_0 と h_1 のアイソトピー $f\colon M \times I \to M'$ と, h_1 と h_2 のアイソトピー $g\colon M \times I \to M'$ が与えられたとする. $m\colon I \to I$ を滑らかな単調関数で, $0 \leq t \leq 1/3$ に対して $m(t) = 0$ かつ $2/3 \leq t \leq 1$ に対して $m(t) = 1$ であるようなものとする. すると, h_0 と h_2 のアイソトピー $k\colon M \times I \to M'$ は, $0 \leq t \leq 1/2$ に対しては $k(x,t) = f(x, m(2t))$, $1/2 \leq t \leq 1$ に対しては $k(x,t) = g(x, m(2t-1))$ によって定義される. 擬同位に対する推移性の証明はこれよりも難しく, マンカーズ[5, p. 59]の補題 6.1 からわかる. □

h_0 と h_1 がアイソトピックならば擬同位であることはあきらかである. なぜなら, $f\colon M \times I \to M'$ がアイソトピーならば, $\hat{f}(x,t) = (f_t(x), t)$ によって定義される $\hat{f}\colon M \times I \to M' \times I$ は, 逆写像定理からわかるように微分同相写像であり, したがって h_0 と h_1 の間の擬同位となるからである. ($M = S^n$ $(n \geq 8)$ に対して逆が成り立つことは, J. シェルフ[39]によって示された.) このことと次の定理 1.9 から, h_0 と h_1 がアイソトピックならば $c_{h_0} = c_{h_1}$ であることがわかる.

定理 1.9　$c_{h_0} = c_{h_1} \Leftrightarrow h_0$ は h_1 に擬同位である.

証明　$g\colon M \times I \to M' \times I$ を h_0 と h_1 の間の擬同位とする. $h_0^{-1} \times 1\colon M' \times I \to M \times I$ を, $(h_0^{-1} \times 1)(x,t) = (h_0^{-1}(x), t)$ によって定義する. このとき, $(h_0^{-1} \times 1) \circ g$ は c_{h_1} と c_{h_0} の間の同値を定める.

逆も同様に証明できる. □

第2章 モース関数

ある同境が与えられたとき，それをより単純な同境の合成に分解できるようにしたい．(たとえば，図2.1(a)の三つ組は，(b)のように分解できる．)以下で，これを正確に述べる．

定義 2.1 W を滑らかな多様体とし，$f\colon W\to\mathbb{R}$ を滑らかな関数とする．点 $p\in W$ は，ある座標系において

$$\left.\frac{\partial f}{\partial x_1}\right|_p=\left.\frac{\partial f}{\partial x_2}\right|_p=\cdots=\left.\frac{\partial f}{\partial x_n}\right|_p=0$$

ならば，f の**臨界点**(critical point)という．さらに，

$$\det\left(\left.\frac{\partial^2 f}{\partial x_i\partial x_j}\right|_p\right)\neq 0$$

ならば，**非退化**な臨界点(non-degenerate ciritcal point)という．

たとえば，図2.1(a)において，f を高さ関数(z 軸への射影)とすると，f には4個の臨界点 p_1, p_2, p_3, p_4 があり，それらはすべて非退化である．

補題 2.2 (モース) p が f の非退化な臨界点ならば，p の周りのある座標系において，0以上 n 以下のある λ に対して $f(x_1,\dots,x_n)=$ 定数 $-x_1^2-\cdots-x_\lambda^2+x_{\lambda+1}^2+\cdots+x_n^2$ となる．

この λ を，臨界点 p の**指数**(index)と定義する．

証明 ミルナー[4, p. 6]を参照のこと． □

定義 2.3 滑らかな多様体の三つ組 $(W; V_0, V_1)$ 上の**モース関数**(Morse

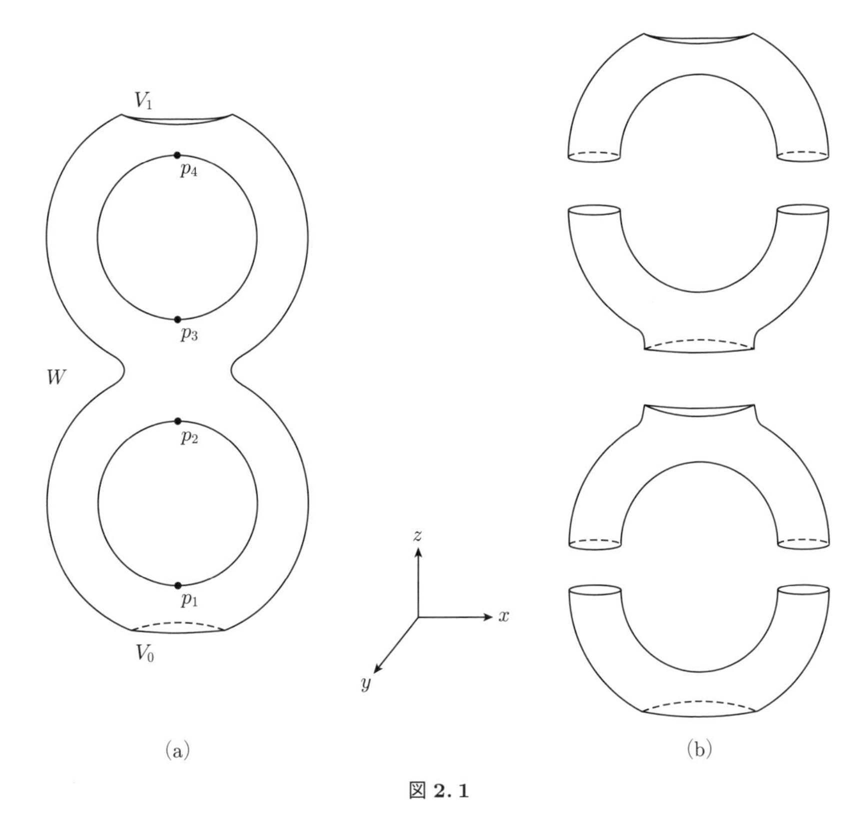

図 2.1

function)とは，次の 2 条件を満たすような滑らかな関数 $f\colon W \to [a,b]$ のことである．

（1） $f^{-1}(a)=V_0$， $f^{-1}(b)=V_1$．

（2） f のすべての臨界点は，W の内部(すなわち，$W\setminus\partial W$)にあり，非退化である．

モースの補題 2.2 の結果として，モース関数の臨界点は孤立している．W はコンパクトなので，その臨界点は有限個しかない．

定義 2.4 $(W;V_0,V_1)$ の**モース数**(Morse number) μ とは，すべてのモース関数 f にわたる f の臨界点の個数の最小値のことである．

この定義2.4は，次の存在定理によって，意味をもつ．

定理 2.5　すべての滑らかな多様体の三つ組 $(W; V_0, V_1)$ はモース関数をもつ．

定理2.5の証明は，これ以降の7ページに及ぶ．

補題 2.6　$f^{-1}(0)=V_0$ かつ $f^{-1}(1)=V_1$ である滑らかな関数 $f\colon W\to[0,1]$ で，W の境界の近傍に臨界点がないようなものが存在する．

証明　$U_1,\dots,U_k$ を，座標近傍による W の被覆とする．どの U_i も V_0 と V_1 の両方と同時には交わらず，U_i が ∂W と交わるならば，座標写像 $h_i\colon U_i\to\mathbb{R}^n_+$ は U_i を単位開球体と $\mathbb{R}^n_+$ の交わりの上に写すと仮定してよい．

集合 U_i 上に，写像

$$f_i\colon U_i\to[0,1]$$

を次のように定義する．U_i が V_0（もしくは V_1）と交わるならば，$f_i=L\circ h_i$ とする．ただし，L は次のような写像である．

$$L\vec{x}=x_n \quad （もしくは\,1-x_n）.$$

U_i が ∂W と交わらないならば，恒等的に $f_i=1/2$ とする．被覆 $\{U_i\}$ に従属する1の分割 $\{\varphi_i\}$ を選び（マンカーズ[5, p.18]を参照のこと），写像 $f\colon W\to[0,1]$ を

$$f(p)=\varphi_1(p)f_1(p)+\cdots+\varphi_k(p)f_k(p)$$

によって定義する．ただし，$f_i(p)$ は，U_i の外側で値0をとるものとする．このとき，あきらかに f は矛盾なく定義された $[0,1]$ への滑らかな写像で，$f^{-1}(0)=V_0$，$f^{-1}(1)=V_1$ となる．そして最後に，∂W 上で $df\neq0$ となることを確かめよう．$q\in V_0$（もしくは $q\in V_1$）とすると，ある i に対して $\varphi_i(q)>0$ かつ $q\in U_i$ である．$h_i(p)=(x^1(p),\dots,x^n(p))$ とすると，

$$\frac{\partial f}{\partial x^n} = \sum_{j=1}^{k} f_j \frac{\partial \varphi_j}{\partial x^n} + \left(\varphi_1 \frac{\partial f_1}{\partial x^n} + \cdots + \varphi_i \frac{\partial f_i}{\partial x^n} + \cdots \right)$$

となる．さて，$f_j(z)$ は，すべての j に対して同じ値 0（もしくは 1）をとり，また，

$$\sum_{j=1}^{k} \frac{\partial \varphi_j}{\partial x^n} = \frac{\partial}{\partial x^n} \left(\sum_{j=1}^{k} \varphi_j \right) = 0$$

である．したがって，q において，右辺の最初の和はゼロである．微分 $\dfrac{\partial f_i}{\partial x^n}(q)$ は 1（もしくは -1）に等しく，微分 $\dfrac{\partial f_j}{\partial x^n}(q)$ $(j=1, \ldots, k)$ はすべて $\dfrac{\partial f_i}{\partial x^n}(q)$ と同じ符号をもつことが簡単にわかる．よって，$\dfrac{\partial f}{\partial x^n}(q) \neq 0$ である．このことから，∂W 上で $df \neq 0$ であることが導かれ，したがって ∂W の近傍で $df \neq 0$ である．　□

定理 2.5 の証明の残りの部分は，さらに難しい．W の内部で f を段階的に変更し，退化した臨界点を取り除く．そのためには，ユークリッド空間で成り立つ三つの補題が必要である．

補題 A（モース）　f が開集合 $U \subset \mathbb{R}^n$ から実数への C^2 級写像ならば，ほとんどすべての線型写像 $L\colon \mathbb{R}^n \to \mathbb{R}$ に対して，関数 $f+L$ には非退化な臨界点だけしかない．

「ほとんどすべて」は，$\mathrm{Hom}_{\mathbb{R}}(\mathbb{R}^n, \mathbb{R}) \cong \mathbb{R}^n$ において測度ゼロの集合を除いて成り立つことを意味する．

証明　多様体 $U \times \mathrm{Hom}_{\mathbb{R}}(\mathbb{R}^n, \mathbb{R})$ を考える．これは部分多様体

$$M = \{(x, L) \mid d(f(x) + L(x)) = 0\}$$

をもつ．$d(f(x)+L(x))=0$ は $L=-df(x)$ を意味するので，対応 $x \mapsto (x, -df(x))$ はあきらかに U から M の上への微分同相写像である．それぞれの $(x, L) \in M$ は $f+L$ の臨界点に対応し，この臨界点が退化するのは，ちょ

うど行列 $\dfrac{\partial^2 f}{\partial x_i \partial x_j}$ が特異であるときである．さて，(x,L) を L に写す射影 $\pi\colon M \to \mathrm{Hom}_{\mathbb{R}}(\mathbb{R}^n, \mathbb{R})$ がある．$L = -df(x)$ なので，この射影は $x \mapsto -df(x)$ にほかならない．したがって，$(x,L) \in M$ が π の臨界点になるのは，ちょうど行列 $d\pi = -(\partial^2 f/\partial x_i \partial x_j)$ が特異であるときである．以上より，$f+L$ が(ある x に対して)退化した臨界点をもつのは，L が $\pi\colon M \to \mathrm{Hom}_{\mathbb{R}}(\mathbb{R}^n, \mathbb{R}) \cong \mathbb{R}^n$ の臨界点の像であることと同値である．だが，サードの定理(ド・ラーム[1, p. 10]を参照のこと)によって，

$\pi\colon M^n \longrightarrow \mathbb{R}^n$ が C^1 級写像ならば，π の臨界点の集合の像は $\mathbb{R}^n$ において測度ゼロである．

これによって，補題の結論が得られる．　□

補題 B　U を $\mathbb{R}^n$ の開集合として，K を U のコンパクト部分集合とする．$f\colon U \to \mathbb{R}$ が C^2 級であり，K において非退化な臨界点しかもたないならば，次の条件を満たすような実数 $\delta > 0$ が存在する．もし $g\colon U \to \mathbb{R}$ が C^2 級で，K のすべての点で，$i, j = 1, \ldots, n$ について

(1)
$$\left| \frac{\partial f}{\partial x_i} - \frac{\partial g}{\partial x_i} \right| < \delta$$

(2)
$$\left| \frac{\partial^2 f}{\partial x_i \partial x_j} - \frac{\partial^2 g}{\partial x_i \partial x_j} \right| < \delta$$

を満たすならば，g も同じように K において非退化な臨界点しかもたない．

証明　$|df| = \left[\left(\dfrac{\partial f}{\partial x_1} \right)^2 + \cdots + \left(\dfrac{\partial f}{\partial x_n} \right)^2 \right]^{1/2}$ とする．このとき，$|df| + \left| \det \left(\dfrac{\partial^2 f}{\partial x_i \partial x_j} \right) \right|$ は，K 上で正である．$\mu > 0$ を K 上でのその最小値とする．$\delta > 0$ を十分小さく選んで，(1)から

$$||df| - |dg|| < \mu/2$$

が成り立ち，(2)から

$$\left|\left|\det\left(\frac{\partial^2 f}{\partial x_i \partial x_j}\right)\right| - \left|\det\left(\frac{\partial^2 g}{\partial x_i \partial x_j}\right)\right|\right| < \mu/2$$

が成り立つようにする．すると，K におけるすべての点で

$$|dg| + \left|\det\left(\frac{\partial^2 g}{\partial x_i \partial x_j}\right)\right| > |df| + \left|\det\left(\frac{\partial^2 f}{\partial x_i \partial x_j}\right)\right| - \mu/2 - \mu/2 \geq 0$$

となる．このことから，補題Bが従う．□

補題C　$h\colon U \to U'$ は，$\mathbb{R}^n$ のある開集合 U からほかの開集合 U' の上への微分同相写像で，コンパクト集合 $K \subset U$ を $K' \subset U'$ に移すようなものとする．任意の実数 $\varepsilon > 0$ に対して，実数 $\delta > 0$ が存在して，滑らかな写像 $f\colon U' \to \mathbb{R}$ が $K' \subset U'$ のすべての点で

$$|f| < \delta, \quad \left|\frac{\partial f}{\partial x_i}\right| < \delta, \quad \left|\frac{\partial^2 f}{\partial x_i \partial x_j}\right| < \delta \quad (i, j = 1, \ldots, n)$$

を満たすならば，$f \circ h$ は K のすべての点で

$$|f \circ h| < \varepsilon, \quad \left|\frac{\partial (f \circ h)}{\partial x_i}\right| < \varepsilon, \quad \left|\frac{\partial^2 (f \circ h)}{\partial x_i \partial x_j}\right| < \varepsilon \quad (i, j = 1, \ldots, n)$$

を満たす．

証明　$f \circ h$, $\dfrac{\partial}{\partial x_i}(f \circ h)$, $\dfrac{\partial^2}{\partial x_i \partial x_j}(f \circ h)$ は，f と h の偏微分のそれぞれ0次から2次までの多項式関数である．そして，f の偏微分がゼロになるとき，この多項式もゼロになる．しかし，h の偏微分は，コンパクト集合 K 上で有界である．このことから，補題Cが従う．□

(境界をもつ)コンパクト多様体 M 上の滑らかな実数値関数の集合 $F(M, \mathbb{R})$ に対する $\boldsymbol{C^2}$ **位相**(C^2 topology)を次のように定義する．$\{U_\alpha\}$ を局所座標系が $h_\alpha\colon U_\alpha \to \mathbb{R}^n$ であるような座標近傍による有限被覆とし，$\{C_\alpha\}$ を $\{U_\alpha\}$ のコンパクトな細分とする(マンカーズ[5, p. 7]を参照のこと)．任意の正定数 $\delta > 0$ に対して，$F(M, \mathbb{R})$ の部分集合 $N(\delta)$ を，次を満たす写像 $g\colon M \to \mathbb{R}$ すべてからなるようなものと定める．各 α に対して，$h_\alpha(C_\alpha)$ のすべての点において，$g_\alpha = g \circ h_\alpha^{-1}$ として，

$$(*)\qquad |g_\alpha| < \delta, \quad \left|\frac{\partial g_\alpha}{\partial x_i}\right| < \delta, \quad \left|\frac{\partial^2 g_\alpha}{\partial x_i \partial x_j}\right| < \delta \quad (i,j = 1,\dots,n)$$

となる．アーベル群 $F(M,\mathbb{R})$ におけるゼロ関数の近傍の基底として集合 $N(\delta)$ を用いた位相を C^2 位相と呼ぶ．$f+N(\delta)=N(f,\delta)$ という形の集合は，写像 $f\in F(M,\mathbb{R})$ の近傍の基底を与え，$g\in N(f,\delta)$ とは，すべての α に対して，$h_\alpha(C_\alpha)$ のすべての点で

$$|f_\alpha - g_\alpha| < \delta, \quad \left|\frac{\partial f_\alpha}{\partial x_i} - \frac{\partial g_\alpha}{\partial x_i}\right| < \delta, \quad \left|\frac{\partial^2 f_\alpha}{\partial x_i \partial x_j} - \frac{\partial^2 g_\alpha}{\partial x_i \partial x_j}\right| < \delta$$

ということである．

このように構成した位相 T が，座標やコンパクトな細分の選び方に依存しないことを確かめておくべきだろう．T' を前述の手順によって定義した別の位相とし，$'$（プライム記号）はこの位相 T' に付随するものを表す．T の任意の集合 $N(\delta)$ が与えられたとき，$N(\delta)$ に含まれる集合 $N'(\delta')$ が T' に見つかることを示せば十分である．しかし，これは，補題Cから簡単にわかる．

まずは閉多様体 M，すなわち，三つ組 $(M;\varnothing,\varnothing)$ のときを考えよう．この場合は少しばかり簡単だからである．

定理 2.7　M が境界のないコンパクト多様体ならば，そのモース関数の全体は C^2 位相において $F(M,\mathbb{R})$ の稠密な開集合をなす．

証明　$(U_1,h_1),\dots,(U_k,h_k)$ を，座標近傍による M の有限被覆とする．コンパクト集合 $C_i\subset U_i$ で，$C_1,C_2,\dots,C_k$ が M を被覆するようなものを簡単に見つけることができる．

f が集合 $S\subset M$ 上で退化した臨界点をもたないとき，f は S 上で「優良(good)」ということにする．

(I) モース関数の集合は開集合である．なぜなら，$f\colon M\to\mathbb{R}$ がモース関数ならば，補題Bによって，$F(M,\mathbb{R})$ での f の近傍 N_i において，すべての関数は C_i 上で優良になる．したがって，f の近傍 $N=N_1\cap\cdots\cap N_k$ にお

いて，すべての関数は $C_1 \cup \cdots \cup C_k = M$ 上で優良である．

（II）モース関数の集合は稠密である．N を $f \in F(M, \mathbb{R})$ の近傍とする．f を段階的に改良する．$\lambda\colon M \to [0,1]$ を滑らかな関数で，C_1 の近傍で $\lambda = 1$ であり，$M \setminus U_1$ の近傍で $\lambda = 0$ であるようなものとする．ほとんどすべての線型写像 $L\colon \mathbb{R}^n \to \mathbb{R}$ に対して，関数 $f_1(p) = f(p) + \lambda(p)L(h_1(p))$ は，$C_1 \subset U_1$ 上で優良になる（補題 A）．線型写像 L の係数が十分に小さいとき，f_1 は f の与えられた近傍 N の中にあることを示す．

まず，$\mathrm{supp}\,\lambda$ を λ の台とするとき，コンパクト集合 $K = \mathrm{supp}\,\lambda \subset U_1$ 上でだけ f_1 は f と異なることに注意する．$L(x) = L(x_1, \ldots, x_n) = \sum_i \ell_i x_i$ とすると，すべての $x \in h_1(K)$ に対して

$$f_1 \circ h_1^{-1}(x) - f \circ h_1^{-1}(x) = (\lambda h_1^{-1}(x)) \sum_i \ell_i x_i$$

となることに注意する．ℓ_i を十分小さく選ぶことによって，集合 $h_1(K)$ 全体でこの差が，その一階微分と二階微分も合わせて，任意の ε よりも小さくできることはあきらかである．さて，ε が十分に小さいならば，補題 C から f_1 が近傍 N に属することがわかる．

これで，C_1 上で優良な関数 $f_1 \in N$ が得られた．補題 B をもう一度適用すると，$N_1 \subset N$ であるような f_1 の近傍 N_1 を選ぶことができるので，N_1 の任意の関数は C_1 上で優良なままである．これで，第1段階が証明された．

次の段階では，f_1 と N_1 に対して単に同じことを繰り返すと，C_2 上で優良な関数 $f_2 \in N_1$ と，$N_2 \subset N_1$ であるような f_2 の近傍 N_2 で，N_2 における任意の関数が C_2 上で優良なままであるようなものが得られる．関数 f_2 は，N_1 に属するので，もちろん C_1 上で優良である．最終的に，$C_1 \cup \cdots \cup C_k = M$ 上で優良な関数 $f_k \in N_k \subset N_{k-1} \subset \cdots \subset N_1 \subset N$ が得られる．□

これで，定理 2.5 を証明するところにたどりついた．

定理 2.5　任意の三つ組 $(W; V_0, V_1)$ に対してモース関数が存在する．

証明　補題2.6によって，次の性質をもつ関数 $f\colon W\to[0,1]$ が得られる．

(i)　$f^{-1}(0)=V_0$, $f^{-1}(1)=V_1$.

(ii)　f は ∂W の近傍に臨界点をもたない．

f の性質(i)と(ii)を保ちながら，$W\backslash\partial W$ に含まれる退化した臨界点を取り除きたい．U を ∂W の開近傍で，f の臨界点を含まないようなものとする．W は正規なので，∂W の開近傍 V で $\overline{V}\subset U$ であるようなものがある．$\{U_i\}$ を座標近傍による W の有限被覆で，それぞれの集合 U_i が U または $W\backslash\overline{V}$ に含まれるようなものとする．$\{U_i\}$ のコンパクトな細分 $\{C_i\}$ を考え，C_0 を U に含まれる C_i すべての和集合とする．定理2.7の閉多様体のときと同じように，補題Bを用いて，f の十分小さい近傍 N には，C_0 上で退化した臨界点をもつような関数がないことが示せる．また，f は，コンパクト集合 $W\backslash V$ 上で有界かつ，0や1にはならない．よって，f の近傍 N' が存在して，N' におけるすべての関数 g は，$W\backslash V$ 上で $0<g<1$ という条件を満たす．$N_0=N\cap N'$ とする．$W\backslash V$ の座標近傍は $U_1,\ldots,U_k$ であると仮定してよい．ここからは定理2.7とまったく同じように進めればよい．補題Aを用いると，N_0 における関数 f_1 で，C_1 上で優良な(すなわち，非退化な臨界点しかもたない)ものと，$N_1\subset N_0$ であるような f_1 の近傍 N_1 で，その中では C_1 のすべての関数は優良であるようなものが見つかる．この処理を k 回繰り返すと，$C_0\cup C_1\cup\cdots\cup C_k=M$ 上で優良な関数 $f_k\in N_k\subset N_{k-1}\subset\cdots\subset N_0$ が構成される．$f_k\in N_0\subset N'$ かつ $f_k|_V=f|_V$ なので，f_k は条件(i)と(ii)を満たす．よって，f_k は $(W;V_0,V_1)$ 上のモース関数である．

□

注　C^2 位相において，モース関数の全体がすべての滑らかな写像 $f\colon(W;V_0,V_1)\to([0,1];0,1)$ の稠密な開集合をなすことを示すのは難しくない．

いくつかの目的のために，臨界点での値がすべて異なるようなモース関数があると便利である．

補題2.8　$f\colon W\to[0,1]$ を三つ組 $(W;V_0,V_1)$ に対するモース関数とし，その臨界点を $p_1,\ldots,p_k$ とする．このとき，f は，同じ臨界点をもち，$i\neq j$

に対して $g(p_i) \neq g(p_j)$ であるようなモース関数 g で近似できる．

証明　$f(p_1)=f(p_2)$ とする．滑らかな関数 $\lambda\colon W \to [0,1]$ で，p_1 の近傍 U において $\lambda=1$ であり，U よりも大きい近傍 N の外側で $\lambda=0$ であるようなものが構成できる．ただし，$\overline{N} \subset W \setminus \partial W$ かつ $\overline{N}$ は $i \neq 1$ に対する p_i を含まないものとする．$f_0=f+\varepsilon_1\lambda$ が $[0,1]$ に値をとり，$i \neq 1$ に対して $f_0(p_1) \neq f_0(p_i)$ であるように $\varepsilon_1>0$ を十分小さくとる．W にリーマン計量を与える(マンカーズ[5, p. 24]を参照のこと)．このとき，コンパクト集合 $K=\overline{\{0<\lambda<1\}}$ 全体で $0<c \leq |\mathrm{grad}\, f|$ となり，K 上で $|\mathrm{grad}\, \lambda| \leq c'$ となるような c と c' が見つかる．$0<\varepsilon<\min(\varepsilon_1, c/c')$ とすると，$f_1=f+\varepsilon\lambda$ もまたモース関数で，$i \neq 1$ に対して $f_1(p_1) \neq f(p_i)$ であり，f_1 は f と同じ臨界点をもつ．なぜなら，K 上では

$$
\begin{aligned}
|\mathrm{grad}(f+\varepsilon\lambda)| &\geq |\mathrm{grad}\, f| - |\varepsilon\, \mathrm{grad}\, \lambda| \\
&> c - \varepsilon c' \\
&> 0
\end{aligned}
$$

となり，K の外側では $|\mathrm{grad}\, \lambda|=0$ なので，$|\mathrm{grad}\, f_1|=|\mathrm{grad}\, f|$ である．帰納的に繰り返すと，すべての臨界点を分離するようなモース関数 g が得られる．これで，補題は証明された．　□

モース関数を用いると，「複雑な」同境を「単純な」同境の合成として表すことができる．

定義　滑らかな関数 $f\colon W \to \mathbb{R}$ が与えられたとき，f の**臨界値**(critical value)とは，臨界点の像のことである．

補題 2.9　$f\colon (W; V_0, V_1) \to ([0,1]; 0, 1)$ をモース関数として，c は，f の臨界値ではなく，$0<c<1$ であるとする．このとき，$f^{-1}[0,c]$ と $f^{-1}[c,1]$ はともに境界をもつ滑らかな多様体である．

したがって，V_0 から V_1 への同境($W; V_0, V_1$; 恒等写像, 恒等写像)は，V_0

から $f^{-1}(c)$ への同境と $f^{-1}(c)$ から V_1 への同境の合成として表すことができる．これと補題 2.8 を合わせると，次の系 2.10 を証明できる．

系 2.10　任意の同境は，モース数 1 の同境の合成として表すことができる．

補題 2.9 の証明　これは，陰関数定理からすぐにわかる．なぜなら，$w \in f^{-1}(c)$ ならば，w の周りのある座標系 $(x_1, x_2, \ldots, x_n)$ において，f は，射影写像 $\mathbb{R}^n \to \mathbb{R}$, $(x_1, \ldots, x_n) \mapsto x_n$ と局所的に同じになるからである．　□

第3章　基本同境

定義 3.1　f を三つ組 $(W^n; V, V')$ に対するモース関数とする．W^n 上のベクトル場 ξ は，次の 2 条件を満たすとき，f に対する**勾配状ベクトル場** (gradient-like vector field) という．

(1)　f の臨界点の集合の補集合上で $\xi(f)>0$ である．

(2)　f の任意の臨界点 p に対して，p の近傍 U における座標系 $(\vec{x},\vec{y})=(x_1,\ldots,x_\lambda,x_{\lambda+1},\ldots,x_n)$ が存在して，U 全体で $f=f(p)-|\vec{x}|^2+|\vec{y}|^2$ かつ ξ の座標表示が $(-x_1,\ldots,-x_\lambda,x_{\lambda+1},\ldots,x_n)$ となる．

補題 3.2　三つ組 $(W^n; V, V')$ 上の任意のモース関数 f に対して，勾配状ベクトル場 ξ が存在する．

証明　簡単のため，f はただ一つの臨界点 p をもつと仮定する．一般の場合も同じように証明できる．モースの補題 2.2 によって，p の近傍 U_0 における座標系 $(\vec{x},\vec{y})=(x_1,\ldots,x_\lambda,x_{\lambda+1},\ldots,x_n)$ を，U_0 上で $f=f(p)-|\vec{x}|^2+|\vec{y}|^2$ であるように選ぶことができる．U を p の近傍で $\overline{U}\subset U_0$ であるようなものとする．

各点 $p'\in W\setminus U_0$ は，f の臨界点ではない．陰関数定理から，p' の近傍 U' における座標系 $(x'_1,\ldots,x'_n)$ が存在して，U' において $f=$定数$+x'_1$ となる．

さらに，$W\setminus U_0$ がコンパクトであることより，次の 3 条件を満たす近傍 $U_1,\ldots,U_k$ が存在する．

(1)　$W\setminus U_0\subset U_1\cup\cdots\cup U_k$．

(2)　$U\cap U_i=\varnothing$ $(i=1,\ldots,k)$．

(3)　U_i 上で $f=$定数$+x_1^i$ となる座標系 $(x_1^i,\ldots,x_n^i)$ が存在する $(i=$

$1, \dots, k$).

U_0 上には座標が $(-x_1, \dots, -x_\lambda, x_{\lambda+1}, \dots, x_n)$ であるようなベクトル場があり，U_i 上には座標が $(1, 0, \dots, 0)$ であるようなベクトル場 $\partial/\partial x_1^i$ がある $(i=1, \dots, k)$．被覆 $U_0, U_1, \dots, U_k$ に従属する1の分割を使って，これらのベクトル場を貼り合わせると，W 上のベクトル場 ξ が得られる．ξ が f に対する勾配状ベクトル場であることは，容易に確かめられる．　□

注　以下では，三つ組 $(W; V_0, V_1)$ を，$i_0\colon V_0 \to V_0$ と $i_1\colon V_1 \to V_1$ を恒等写像として，同境 $(W; V_0, V_1; i_0, i_1)$ と同一視する．

定義 3.3　三つ組 $(W; V_0, V_1)$ は，三つ組 $(V_0 \times [0,1]; V_0 \times 0, V_0 \times 1)$ と微分同相ならば，**積同境**(product cobordism)と呼ばれる．

定理 3.4　三つ組 $(W; V_0, V_1)$ のモース数 μ がゼロならば，$(W; V_0, V_1)$ は積同境である．

証明　$f\colon W \to [0,1]$ を，臨界点のないモース関数とする．補題3.2によって，f に対する勾配状ベクトル場 ξ が存在する．このとき，$\xi(f)\colon W \to \mathbb{R}$ はつねに正である．各点で，ξ に正実数 $1/\xi(f)$ を掛けることによって，W 上で恒等的に $\xi(f)=1$ と仮定してよい．

p を ∂W の点とする．$x_n \geq 0$ であるような p の周りの座標系 $(x_1, \dots, x_n)$ で f を表すと，$\mathbb{R}^n$ の開部分集合 U で定義された滑らかな関数 g に拡張できる．同様に，この座標系で表された ξ も U に拡張される．したがって，常微分方程式に対する解の存在および一意性の基本定理(たとえば，ラング[3, p. 55]を参照のこと)を局所的に W に適用できる．

$\varphi\colon [a,b] \to W$ を，ベクトル場 ξ に対する積分曲線とする．このとき，

$$\frac{d}{dt}(f \circ \varphi) = \xi(f)$$

は，恒等的に1に等しい．よって，

$$f(\varphi(t)) = t + \text{定数}$$

である．変数変換 $\psi(s)=\varphi(s-\text{定数})$ によって，

$$f(\psi(s))=s$$

を満たす積分曲線が得られる．

それぞれの積分曲線は，極大区間にまで一意に拡張できるが，**W はコンパクトなので**，この極大区間は $[0,1]$ でなければならない．したがって，各点 $y\in W$ に対して，y を通り，$f(\psi_y(s))=s$ を満たす一意な極大積分曲線

$$\psi_y\colon [0,1]\to W$$

が存在する．さらに，$\psi_y(s)$ は，両変数 y と s の関数として滑らかである．（第5章，49-50 ページを見よ．）

求める微分同相写像

$$h\colon V_0\times[0,1]\to W$$

は，式

$$h(y_0,s)=\psi_{y_0}(s)$$

と

$$h^{-1}(y)=(\psi_y(0),f(y))$$

によって与えられる．　□

系 3.5（**カラー近傍**(collar neighborhood)**定理**）　W を境界をもつ滑らかなコンパクト多様体とする．このとき，$\partial W\times[0,1)$ に微分同相であるような ∂W の近傍（**カラー近傍**と呼ばれる）が存在する．

証明　補題 2.6 によって，滑らかな関数 $f\colon W\to\mathbb{R}_+$ が存在して，$f^{-1}(0)=\partial W$ かつ ∂W の近傍 U 上で $df\neq 0$ となる．このとき，f は $f^{-1}[0,\varepsilon/2]$ 上のモース関数である．ただし，$\varepsilon>0$ は，コンパクト集合 $W\backslash U$ 上での f の下界である．すると，定理 3.4 によって，$f^{-1}[0,\varepsilon/2)$ と $\partial W\times[0,1)$ は微

分同相である．□

連結な閉部分多様体 $M^{n-1} \subset W^n \setminus \partial W^n$ は，W^n における M^{n-1} の近傍が存在して，M^{n-1} を除いたときに二つの連結成分に分かれるならば，**両側的**(two-sided)といわれる．

系 3.6(**両側カラー近傍**(bicollaring)**定理**)　M を W の滑らかな部分多様体として，すべての連結成分がコンパクトかつ両側的であるとする．このとき，W において $M\times(-1,1)$ と微分同相な M の近傍が存在して，M は $M\times 0$ に対応する．このような近傍を M の「両側カラー近傍」という．

証明　M のそれぞれの連結成分は W の互いに交わらない開集合によって覆うことができるので，連結成分が一つの場合を考えれば十分である．

U を $W\setminus\partial W$ における M の開近傍で，$\overline{U}$ がコンパクトで，M を除いたときに二つの連結成分に分かれるようなものとする．このとき，あきらかに U は $U_1\cap U_2=M$ がそれぞれの境界になるような二つの部分多様体 U_1, U_2 の和集合に分解される．補題 2.6 の証明と同じように，座標近傍による被覆と 1 の分割を使って，滑らかな写像

$$\varphi\colon U \to \mathbb{R}$$

で，M 上で $d\varphi\neq 0$ かつ $\overline{U}\setminus U_1$ 上で $\varphi<0$ かつ M 上で $\varphi=0$, $\overline{U}\setminus U_2$ 上で $\varphi>0$ であるようなものを構成できる．M の開近傍 V として，$\overline{V}\subset U$ であり，その上で φ が臨界点をもたないようなものを選ぶことができる．

$2\varepsilon''>0$ をコンパクト集合 $\overline{U_1}\setminus V$ 上での φ の上限とする．$2\varepsilon'<0$ をコンパクト集合 $\overline{U_2}\setminus V$ 上での φ の下限とする．このとき，$\varphi^{-1}[\varepsilon',\varepsilon'']$ は，$\varphi^{-1}(\varepsilon')\cup\varphi^{-1}(\varepsilon'')$ を境界とする V の n 次元コンパクト部分多様体で，φ は，$\varphi^{-1}[\varepsilon',\varepsilon'']$ 上のモース関数である．定理 3.4 により，$\varphi^{-1}(\varepsilon',\varepsilon'')$ は，V における M の「両側カラー」近傍であり，また W における M の「両側カラー」近傍でもあることがわかる．□

注　カラー近傍定理(系 3.5)と両側カラー近傍定理(系 3.6)は，コンパクト性の条

件がなくても成り立つ(マンカーズ[5, p. 51]).

ここで，第1章の結果を再掲し，証明しよう.

定理 1.4　$(W; V_0, V_1)$ と $(W'; V_1', V_2')$ を滑らかな多様体の三つ組とし，$h\colon V_1 \to V_1'$ を微分同相写像とする．このとき，$W \cup_h W'$ に対する微分構造 $\mathcal{S}$ で，W と W' の微分構造と整合的なものが存在する．$\mathcal{S}$ は，V_0 と $h(V_1) = V_1'$ と V_2' を固定する微分同相写像の違いを除いて一意である.

証明　**$\mathcal{S}$ の存在**：系 3.5 によって，W における V_1 のカラー近傍 U_1 と微分同相写像 $g_1\colon V_1 \times (0,1] \to U_1$ で $x \in V_1$ に対して $g_1(x,1) = x$ であるようなものと，W' における V_1' のカラー近傍 U_1' と微分同相写像 $g_2\colon V_1' \times [1,2) \to U_1'$ で $y \in V_1'$ に対して $g_2(y,1) = y$ であるようなものが存在する．$j\colon W \to W \cup_h W'$ と $j'\colon W' \to W \cup_h W'$ を，$W \cup_h W'$ を定義するときの包含写像とする．写像 $g\colon V_1 \times (0,2) \to W \cup_h W'$ を

$$g(x,t) = \begin{cases} j(g_1(x,t)) & (0 < t \leq 1) \\ j'(g_2(h(x),t)) & (1 \leq t < 2) \end{cases}$$

によって定義する．多様体の微分構造を定義するためには，その多様体を被覆する開集合上に整合的な微分構造を定義すれば十分である．$W \cup_h W'$ は，$j(W \setminus V_1)$, $j'(W' \setminus V_1')$, $g(V_1 \times (0,2))$ によって被覆されていて，これらの集合上でそれぞれ j, j', g によって定義された微分構造は整合的である．これで存在が証明された.

$\mathcal{S}$ の一意性：$W \cup_h W'$ 上の微分構造 $\mathcal{S}$ で，W と W' の構造と整合的であるようなものは，前述のように V_1 と V_1' のカラー近傍を貼り合わせて構成された微分構造と同型であることを示す．すると，V_0 と $h(V_1) = V_1'$ と V_2' を固定する微分同相写像の違いを除いて一意であることは，本質的にマンカーズ[5, p. 62]の定理 6.3 からわかる．系 3.6 によって，$W \cup_h W'$ における $j(V_1) = j'(V_1')$ の両側カラー近傍 U と，微分構造 $\mathcal{S}$ における微分同相写像 $g\colon V_1 \times (-1,1) \to U$ が存在して，$x \in V_1$ に対して $g(x,0) = j(x)$ とな

る．すると，$j^{-1}(U\cap j(W))$, $j'^{-1}(U\cap j'(W'))$ は，それぞれ W, W' における V_1, V_1' のカラー近傍である．これで一意性が証明された．　□

さて，三つ組 $(W;V_0,V_1)$ が $[0,1]$ へのモース関数 f をもち，$(W';V_1',V_2')$ が $[1,2]$ へのモース関数 f' をもつとする．W 上の勾配状ベクトル場 ξ と W' 上の勾配状ベクトル場 ξ' で，それぞれの臨界点の小さな近傍を除いて $\xi(f)=1$, $\xi'(f')=1$ となるように正規化したものを構成できる．このとき，次の補題3.7が成り立つ．

補題 3.7　微分同相写像 $h\colon V_1\to V_1'$ が与えられたとき，f と f' を貼り合わせると $W\cup_h W'$ 上の滑らかな関数になり，ξ と ξ' を貼り合わせると滑らかなベクトル場になり，W と W' の微分構造と整合的な $W\cup_h W'$ 上の微分構造が一意に存在する．

証明　この証明は定理1.4の証明とほぼ同じであるが，さらに，V_1 と V_1' のカラー近傍において ξ と ξ' の積分曲線が貼り合うように両側カラー近傍上の微分構造を選ばなければならない．この条件によって，一意性も証明される．（ここでの一意性は，定理1.4での一意性よりもかなり強いことに注意せよ．）　□

この構成から，すぐに次の系3.8の証明が得られる．

系 3.8　μ を三つ組のモース数とするとき，$\mu(W\cup_h W';V_0,V_2')\leq\mu(W;V_0,V_1)+\mu(W';V_1',V_2')$ が成り立つ．

次に，モース数1の同境を調べる．

$(W;V,V')$ を三つ組とする．$f\colon W\to\mathbb{R}$ をモース関数として，ξ を f に対する勾配状ベクトル場とする．$p\in W$ を臨界点として，$V_0=f^{-1}(c_0)$ と $V_1=f^{-1}(c_1)$ は $c_0<f(p)<c_1$ かつ $c=f(p)$ は区間 $[c_0,c_1]$ における唯一の臨界値であるとする．

OD_r^p によって，$\mathbb{R}^p$ において原点を中心とする半径 r の開球体を表し，$\mathrm{OD}_1^p=\mathrm{OD}^p$ とする．

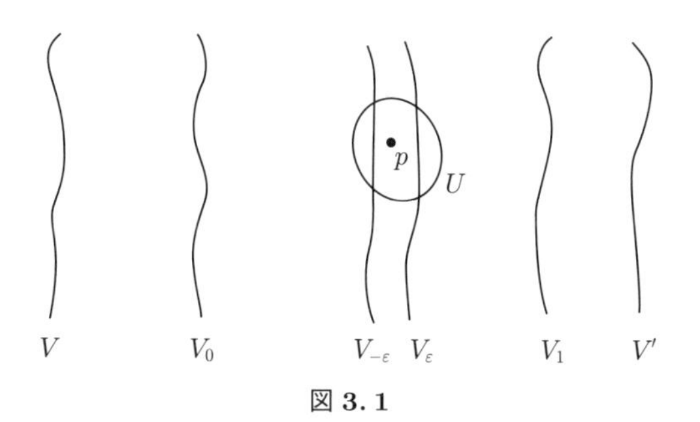

図 **3. 1**

ξ は f に対する勾配状ベクトル場なので，W における p の近傍 U と座標を与える微分同相写像 $g\colon \mathrm{OD}^n_{2\varepsilon} \to U$ が存在して，ある $1 \leq \lambda \leq n$ と $\varepsilon > 0$ に対して，U 全体で $f \circ g(\vec{x}, \vec{y}) = c - |\vec{x}|^2 + |\vec{y}|^2$ かつ ξ の座標は $(-x_1, \ldots, -x_\lambda, x_{\lambda+1}, \ldots, x_n)$ となる．ただし，$\vec{x} = (x_1, \ldots, x_\lambda) \in \mathbb{R}^\lambda$，$\vec{y} = (x_{\lambda+1}, \ldots, x_n) \in \mathbb{R}^{n-\lambda}$ である．$V_{-\varepsilon} = f^{-1}(c - \varepsilon^2)$ かつ $V_\varepsilon = f^{-1}(c + \varepsilon^2)$ とするとき，$4\varepsilon^2 < \min(|c - c_0|, |c - c_1|)$ と仮定して，$V_{-\varepsilon}$ が V_0 と $f^{-1}(c)$ の間にあり，V_ε が $f^{-1}(c)$ と V_1 の間にあるとしてよい．この状況を模式的に表すと，図 3. 1 のようになる．

S^{p-1} によって，$\mathbb{R}^p$ における単位閉球体 OD^p の境界を表す．

定義 3. 9　特性埋め込み(characteristic embedding) $\varphi_L\colon S^{\lambda-1} \times \mathrm{OD}^{n-\lambda} \to V_0$ は，次のようにして得られる．まず，埋め込み $\varphi\colon S^{\lambda-1} \times \mathrm{OD}^{n-\lambda} \to V_{-\varepsilon}$ を，$u \in S^{\lambda-1}$, $v \in S^{n-\lambda-1}$, $0 \leq \theta < 1$ に対して

$$\varphi(u, \theta v) = g(\varepsilon u \cosh\theta, \varepsilon v \sinh\theta)$$

によって定義する．$V_{-\varepsilon}$ における点 $\varphi(u, \theta v)$ から出発すると，ξ の積分曲線は，$\varphi(u, \theta v)$ を V_0 のある点 $\varphi_L(u, \theta v)$ に戻すような非特異な曲線である．V_0 における p の**左側球面**(left-hand sphere) S_L を，像 $\varphi_L(S^{\lambda-1} \times 0)$ と定義する．$\varphi_L(S^{\lambda-1} \times 0)$ は矛盾なく定義されている．S_L は，臨界点 p に達する ξ の積分曲線と V_0 の共通部分であることに注意せよ．**左側球体**(left-hand disk) D_L は，S_L を境界とする滑らかに埋め込まれた球体であり，S_L の点

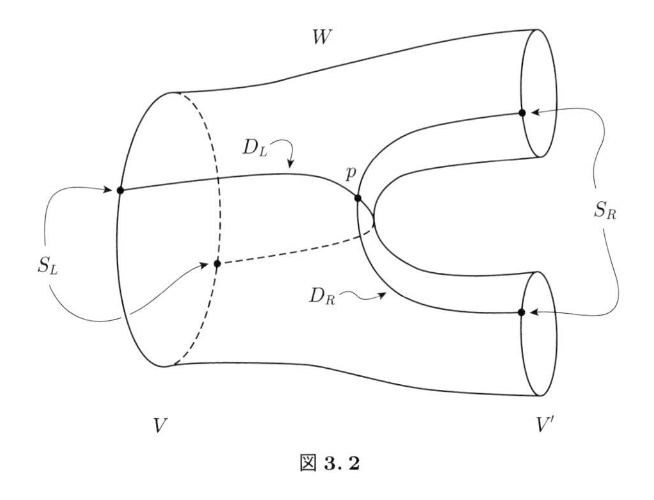

図 3.2

から始まり p で終わる積分曲線の線分の和集合として定義される．

同様にして，特性埋め込み φ_R: $\mathrm{OD}^\lambda \times S^{n-\lambda-1} \to V_1$ は，埋め込み $\mathrm{OD}^\lambda \times S^{n-\lambda-1} \to V_\varepsilon$， $(\theta u, v) \mapsto g(\varepsilon u \sinh\theta, \varepsilon v \cosh\theta)$ の像を，V_1 まで動かして得られる．V_1 における p の**右側球面**(right-hand sphere) S_R は，$\varphi_R(0 \times S^{n-\lambda-1})$ として定義される．**右側球体**(right-hand disk) D_R を，p から始まり S_R の点で終わる ξ の積分曲線の線分の和集合として定義するとき，S_R は D_R の境界である．

定義 3.10　**基本同境**(elementary cobordism)とは，臨界点がちょうど1個の点 p だけのモース関数 f をもつ三つ組 $(W; V, V')$ である．

注　後述する系 3.15 から，基本同境 $(W; V, V')$ は積同境ではないことがわかる．よって，定理 3.4 によって，モース数 $\mu(W; V, V')$ は 1 に等しいことがわかる．また，系 3.15 から，基本同境 $(W; V, V')$ の**指数**(index)は，モース関数 f の p における指数として矛盾なく定義される．（すなわち，f と p の選び方に依存しない．）

図 3.2 に，次元 $n=2$ かつ指数 $\lambda=1$ であるような基本同境を図示した．

定義 3.11　$(n-1)$ 次元の多様体 V と埋め込み φ: $S^{\lambda-1} \times \mathrm{OD}^{n-\lambda} \to V$ が与えられたとする．非交和 $(V \setminus \varphi(S^{\lambda-1} \times 0)) \sqcup (\mathrm{OD}^\lambda \times S^{n-\lambda-1})$ において，

$u \in S^{\lambda-1}$, $v \in S^{n-\lambda-1}$, $0<\theta<1$ に対して $\varphi(u,\theta v)$ と $(\theta u, v)$ を同一視して得られる商多様体を $\chi(V,\varphi)$ と表す．V' が $\chi(V,\varphi)$ に微分同相な多様体であるとき，V' は V から $(\lambda, n-\lambda)$ 型の**手術**(surgery)によって得られるという．

このように，$(n-1)$ 次元多様体に対する手術は，埋め込まれた $(\lambda-1)$ 次元球面を取り除き，埋め込まれた $(n-\lambda-1)$ 次元球面で置き換えることになる．次の二つの結果は，手術は，n 次元多様体上のモース関数において，指数 λ の臨界点を通過する操作に対応していることを示している．

定理 3.12　$V'=\chi(V,\varphi)$ が V から $(\lambda, n-\lambda)$ 型の手術によって得られるならば，基本同境 $(W;V,V')$ と，指数 λ の臨界点をちょうど1個もつモース関数 $f\colon W \to \mathbb{R}$ が存在する．

証明　L_λ によって，$\mathbb{R}^\lambda \times \mathbb{R}^{n-\lambda} = \mathbb{R}^n$ において，次の二つの不等式を満たす点 $(\vec{x},\vec{y})$ の集合を表す．

$$-1 \leq -|\vec{x}|^2 + |\vec{y}|^2 \leq 1,$$

$$|\vec{x}|\,|\vec{y}| < (\sinh 1)(\cosh 1).$$

すると，L_λ は，二つの境界をもつ微分可能多様体である．「左側」の境界 $-|\vec{x}|^2+|\vec{y}|^2=-1$ は，対応 $(u,\theta v) \leftrightarrow (u\cosh\theta, v\sinh\theta)$, $0 \leq \theta < 1$ によって $S^{\lambda-1} \times \mathrm{OD}^{n-\lambda}$ と微分同相である．「右側」の境界 $-|\vec{x}|^2+|\vec{y}|^2=1$ は，対応 $(\theta u, v) \leftrightarrow (u\sinh\theta, v\cosh\theta)$ によって $\mathrm{OD}^\lambda \times S^{n-\lambda-1}$ と微分同相である．

c を定数として，曲面 $-|\vec{x}|^2+|\vec{y}|^2=c$ の直交軌道を考える．点 $(\vec{x},\vec{y})$ を通る軌道は，$t \mapsto (t\vec{x}, t^{-1}\vec{y})$ という形で助変数表示できる．$\vec{x}$ または $\vec{y}$ がゼロならば，この軌道は原点に向かう線分である．ゼロではない $\vec{x}$ と $\vec{y}$ に対して，この軌道は L_λ の左側境界上で一意に定まるある点 $(u\cosh\theta, v\sinh\theta)$ から，右側境界上の対応する点 $(u\sinh\theta, v\cosh\theta)$ へと向かう双曲線である．

n 次元多様体 $W=\omega(V,\varphi)$ を次のように構成する．非交和 $(V \setminus \varphi(S^{\lambda-1} \times$

$0))\times D^1\sqcup L_\lambda$ を考える．$u\in S^{\lambda-1}$, $v\in S^{n-\lambda-1}$, $0<\theta<1$, $c\in D^1$ に対して，$(V\setminus\varphi(S^{\lambda-1}\times 0))\times D^1$ の点 $(\varphi(u,\theta v),c)$ を次の2条件を満たす唯一の点 $(\vec{x},\vec{y})\in L_\lambda$ と同一視する．

（1）$-|\vec{x}|^2+|\vec{y}|^2=c$.

（2）$(\vec{x},\vec{y})$ は点 $(u\cosh\theta, v\sinh\theta)$ を通る直交軌道上にある．

この対応が微分同相写像 $\varphi(S^{\lambda-1}\times(\mathrm{OD}^{n-\lambda}\setminus\{0\}))\times D^1\to L_\lambda\cap(\mathbb{R}^\lambda\setminus\{0\})\times(\mathbb{R}^{n-\lambda}\setminus\{0\})$ を定義することを示すのは難しくない．このことから，$\omega(V,\varphi)$ は矛盾なく定義された滑らかな多様体である．

この多様体 $\omega(V,\varphi)$ は，値 $c=-|\vec{x}|^2+|\vec{y}|^2=-1$ と $+1$ に対応して，二つの境界をもつ．$c=-1$ に対応する左側の境界は，$z\in V$ を

$$\begin{cases}(z,-1)\in(V\setminus\varphi(S^{\lambda-1}\times 0))\times D^1 & (z\notin\varphi(S^{\lambda-1}\times 0))\\ (u\cosh\theta, v\sinh\theta)\in L_\lambda & (z\in\varphi(u,\theta v))\end{cases}$$

に対応させると，V と同一視することができる．右側の境界は，$z\in V\setminus\varphi(S^{\lambda-1}\times 0)$ を $(z,+1)$ に対応させ，$(\theta u,v)\in\mathrm{OD}^\lambda\times S^{n-\lambda-1}$ を $(u\sinh\theta, v\cosh\theta)$ に対応させると，$\chi(V,\varphi)$ と同一視することができる．

関数 $f\colon\omega(V,\varphi)\to\mathbb{R}$ を

$$\begin{cases}f(z,c)=c & ((z,c)\in(V\setminus\varphi(S^{\lambda-1}\times 0))\times D^1)\\ f(\vec{x},\vec{y})=-|\vec{x}|^2+|\vec{y}|^2 & ((\vec{x},\vec{y})\in L_\lambda)\end{cases}$$

と定義する．f が矛盾なく定義され，指数 λ の臨界点をちょうど1個もつモース関数であることは簡単に確かめられる．これで，定理3.12が証明された．　□

定理 3.13　$(W;V,V')$ を基本同境として，$\varphi_L\colon S^{\lambda-1}\times\mathrm{OD}^{n-\lambda}\to V$ をその特性埋め込みとする．このとき，$(W;V,V')$ は三つ組 $(\omega(V,\varphi_L);V,\chi(V,\varphi_L))$ に微分同相である．

証明　$V=V_0$, $V'=V_1$ として定義3.9の記号を用いると，定理3.4から，$(f^{-1}([c_0,c-\varepsilon^2]);V,V_{-\varepsilon})$ と $(f^{-1}([c+\varepsilon^2,c_1]);V_\varepsilon,V')$ は積同境であることが

わかる．すると，$(W;V,V')$ は，$W_\varepsilon=f^{-1}([c-\varepsilon^2,c+\varepsilon^2])$ として，$(W_\varepsilon;V_{-\varepsilon},V_\varepsilon)$ に微分同相である．$(\omega(V,\varphi_L);V,\chi(V,\varphi_L))$ はあきらかに $(\omega(V_{-\varepsilon},\varphi);V_{-\varepsilon},\chi(V_{-\varepsilon},\varphi))$ と微分同相なので，$(W_\varepsilon;V_{-\varepsilon},V_\varepsilon)$ が $(\omega(V_{-\varepsilon},\varphi);V_{-\varepsilon},\chi(V_{-\varepsilon},\varphi))$ と微分同相であることを示せば十分である．

微分同相写像 $k\colon \omega(V_{-\varepsilon},\varphi)\to W_\varepsilon$ を次のように定義する．各点 $(z,t)\in(V_{-\varepsilon}\setminus\varphi(S^{\lambda-1}\times 0))\times D^1$ に対して，$k(z,t)$ を，点 z を通る積分曲線上にあり，$f(k(z,t))=\varepsilon^2t+c$ であるような W_ε の唯一の点とする．各点 $(\vec{x},\vec{y})\in L_\lambda$ に対しては，$k(\vec{x},\vec{y})=g(\varepsilon\vec{x},\varepsilon\vec{y})$ とする．φ と $\omega(V_{-\varepsilon},\varphi)$ の定義，および g が L_λ の直交軌道を W_ε の中の積分曲線に写すという事実から，$\omega(V_{-\varepsilon},\varphi)$ から W_ε への矛盾なく定義された微分同相写像が得られることがわかる．これで，定理 3.13 が証明された． □

定理 3.14　$(W;V,V')$ を，指数 λ の臨界点が一つだけあるようなモース関数をもつ基本同境とする．D_L を，ある勾配状ベクトル場に付随する左側球体とする．このとき，$V\cup D_L$ は W の変位レトラクトである．

系 3.15　$H_*(W,V)$ は，次数 λ では整数 $\mathbb{Z}$ と同型であり，それ以外の次数ではゼロである．$H_\lambda(W,V)$ の生成元は，D_L により表される．

系 3.15 の証明　次の同型が成り立つことからわかる．

$$\begin{aligned} H_*(W,V) &\cong H_*(V\cup D_L,V)\\ &\cong H_*(D_L,S_L)\\ &\cong \begin{cases} \mathbb{Z} & (\text{次数 } \lambda)\\ 0 & (\text{それ以外の次数}) \end{cases} \end{aligned}$$

ただし，二つ目の同型は切除同型である． □

定理 3.14 の証明　定理 3.13 によって，特性埋め込み $\varphi_L\colon S^{\lambda-1}\times \mathrm{O}D^{n-\lambda}\to V$ に対し，同一視の下で，

$$W = \omega(V, \varphi_L) = (V \setminus \varphi_L(S^{\lambda-1} \times 0)) \times D^1 \sqcup L_\lambda$$

と仮定してよい．このとき，D_L は円板

$$\{(\vec{x}, \vec{y}) \in L_\lambda \mid |\vec{y}| = 0\}$$

である．

$$C = \left\{ (\vec{x}, \vec{y}) \in L_\lambda \,\middle|\, |\vec{y}| \leq \frac{1}{10} \right\}$$

を D_L の半径 $\dfrac{1}{10}$ のシリンダー型近傍とする．

W から $V \cup C$ への変位レトラクション r_t と，$V \cup C$ から $V \cup D_L$ への変位レトラクション r'_t を定義する．（ただし，$t \in [0,1]$ である．）これらを合成すると，求めるレトラクションが得られる．

一つ目のレトラクション：L_λ の外では，軌道に沿って V に戻る．L_λ の中では，C または V に達するまでこの軌道に沿う．正確には，次のように定める．

各点 $(v, c) \in (V \setminus \varphi_L(S^{\lambda-1} \times \mathrm{OD}^{n-\lambda})) \times D^1$ に対し，$r_t(v, c) = (v, c - t(c + 1))$ と定義する．

各点 $(\vec{x}, \vec{y}) \in L_\lambda$ に対し，

$$r_t(\vec{x}, \vec{y}) = \begin{cases} (\vec{x}, \vec{y}) & (|\vec{y}| \leq \dfrac{1}{10}) \\ \left(\dfrac{\vec{x}}{\rho}, \rho\vec{y}\right) & (|\vec{y}| \geq \dfrac{1}{10}) \end{cases}$$

と定義する．ただし，$\rho = \rho(\vec{x}, \vec{y}, t)$ は，$1/(10\,|\vec{y}|)$ と方程式

$$-\frac{|\vec{x}|^2}{\rho^2} + \rho^2\,|\vec{y}|^2 = \left[-\,|\vec{x}|^2 + |\vec{y}|^2\right](1 - t) - t$$

における ρ の正実数解の大きい方である．$|\vec{y}| \geq \dfrac{1}{10}$ に対して，この方程式はただ一つの正実数解をもち，その解は $\vec{x}$, $\vec{y}$, t について連続で，r_t は W から $V \cup C$ への矛盾なく定義されたレトラクションであることがすぐにわかる．

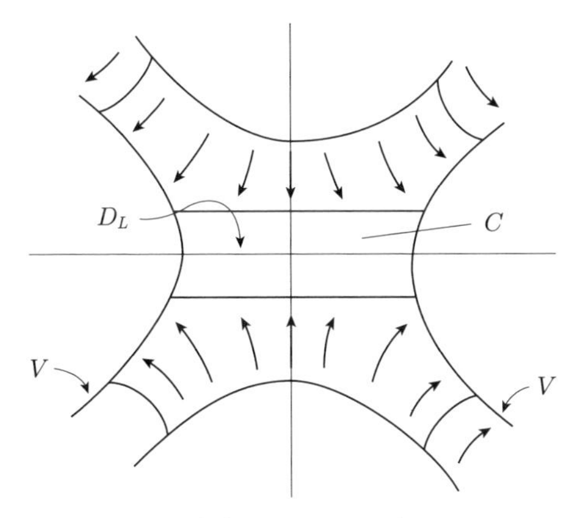

図 3.3　W から $V \cup C$ へのレトラクション

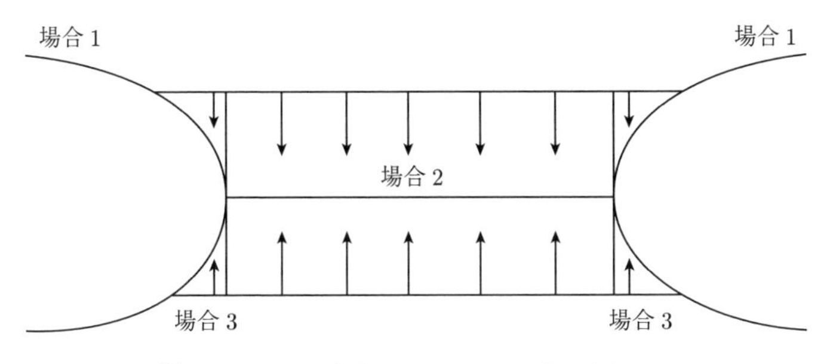

図 3.4　$V \cup C$ から $V \cup D_L$ へのレトラクション

二つ目のレトラクション：C の外側では，r'_t は恒等写像と定義する（場合 1）.

C の中では，$V \cup D_L$ に垂直な直線に沿って，$V \cap C$ の近くほどゆっくりと動く．正確には，次のように定める．

各点 $(\vec{x}, \vec{y}) \in C$ に対して，

$$r'_t(\vec{x}, \vec{y}) = \begin{cases} (\vec{x}, (1-t)\vec{y}) & \left(|\vec{x}|^2 \leq 1\right) \quad (\text{場合 } 2) \\ (\vec{x}, \alpha\vec{y}) & (1 \leq |\vec{x}|^2 \leq 1 + \dfrac{1}{100}) \quad (\text{場合 } 3) \end{cases}$$

と定義する．ただし，$\alpha = \alpha(\vec{x}, \vec{y}, t) = (1-t) + t((|\vec{x}|^2 - 1)/\,|\vec{y}|^2)^{1/2}$ とする．

$|\vec{x}|^2 \to 1$, $|\vec{y}|^2 \to 0$ となるときでも r'_t は連続のままであることが確かめられる．この r'_t の二つの定義は，$|\vec{x}|^2 = 1$ において一致することに注意せよ．これで，定理 3.14 は証明された． □

注　上述の結果の大部分は，2個以上の臨界点をもつ場合に一般化できることを，簡潔に説明しておく．

$(W; V, V')$ を三つ組とし，$f\colon W \to \mathbb{R}$ をモース関数とする．f の臨界点を $p_1, \ldots, p_k$ とし，それらの値はすべて同じとし，それぞれの指数を $\lambda_1, \ldots, \lambda_k$ とする．f に対する勾配状ベクトル場を選ぶと，互いに交わらない特性埋め込み $\varphi_i\colon S^{\lambda_i - 1} \times \mathrm{O}D^{n-\lambda_i} \to V$ $(i=1, \ldots, k)$ が得られる．次のようにして滑らかな多様体 $\omega(V; \varphi_1, \ldots, \varphi_k)$ を構成する．非交和 $(V \setminus \bigcup_{i=1}^{k} \varphi_i(S^{\lambda_i - 1} \times 0)) \times D^1 \sqcup L_{\lambda_1} \sqcup \cdots \sqcup L_{\lambda_k}$ から始めて，それぞれの $u \in S^{\lambda_i - 1}$, $v \in S^{n-\lambda_i-1}$, $0 < \theta < 1$, $c \in D^1$ に対して，最初の直和成分 $\varphi_i(S^{\lambda_i - 1} \times 0)) \times D^1$ の点 $(\varphi_i(u, \theta v), c)$ を次の2条件を満たす唯一の点 $(\vec{x}, \vec{y}) \in L_{\lambda_i}$ と同一視する．

(1)　$-|\vec{x}|^2 + |\vec{y}|^2 = c$.

(2)　$(\vec{x}, \vec{y})$ は点 $(u \cosh\theta, v \sinh\theta)$ を通る直交軌道上にある．

定理 3.13 と同じように，W は $\omega(V; \varphi_1, \ldots, \varphi_k)$ に微分同相であることが証明できる．このことから，定理 3.14 と同じようにして，$V \cup D_1 \cup \cdots \cup D_k$ は W の変位レトラクトであることがわかる．ただし，D_i $(i=1, \ldots, k)$ は p_i の左側球体を表す．そして，$\lambda_1 = \lambda_2 = \cdots = \lambda_k = \lambda$ ならば，$H_*(W, V)$ は，次数 λ では $\mathbb{Z} \oplus \cdots \oplus \mathbb{Z}$ (k 個) と同型であり，そのほかの次数ではゼロである．$H_\lambda(W, V)$ の生成元は，$D_1, \ldots, D_k$ により代表される．これら $H_\lambda(W, V)$ の生成元は，実際にはモース関数だけで完全に決まり，勾配状ベクトル場には依存しない．[4, p. 20]を参照のこと．

第4章 同境の並び替え

ここからは，c によって，第1章のように同境の同値類ではなく，同境そのものを表すことにする．二つの基本同境の合成 cc' が，

$$\mathrm{index}(c) = \mathrm{index}(d'),$$
$$\mathrm{index}(c') = \mathrm{index}(d)$$

であるような二つの基本同境の合成 dd' と同値であるとき，合成 cc' は**並び替え**(rearrange)できるという．どのような場合に並び替えが可能なのか．

cc' に対する三つ組 $(W; V_0, V_1)$ において，モース関数 $f\colon W \to [0,1]$ が存在して，その二つの臨界点 p と p' が $\mathrm{index}(p) = \mathrm{index}(c)$，$\mathrm{index}(p') = \mathrm{index}(c')$ であり $f(p) < \dfrac{1}{2} < f(p')$ となることを思い出そう．f に対する勾配状ベクトル場 ξ に対して，p からの軌道は p の右側球面と呼ばれる埋め込まれた球面 S_R 内の $V = f^{-1}(\dfrac{1}{2})$ と交わり，p' に向かう軌道は p' の左側球面と呼ばれる埋め込まれた球面 S'_L 内の V と交わる．次の定理4.1は，$S_R \cap S'_L = \varnothing$ ならば，cc' が並び替え可能であることを保証する．

定理 4.1（(暫定版)**並び替え定理**(rearrangement theorem)） $(W; V_0, V_1)$ を，p, p' だけを臨界点とするモース関数 f をもつ三つ組とする．ある勾配状ベクトル場 ξ が存在して，p からの軌道および p に向かう軌道上の点のコンパクト集合 K_p は，p' からの軌道および p' に向かう軌道上の点のコンパクト集合 $K_{p'}$ と互いに交わらないとする．$f(W) = [0,1]$ かつ $a, a' \in (0,1)$ ならば，次の3条件を満たす新たなモース関数 g が存在する．

(a) ξ は g に対する勾配状ベクトル場である．

(b) g の臨界点も p, p' だけであり，$g(p) = a$, $g(p') = a'$ となる．

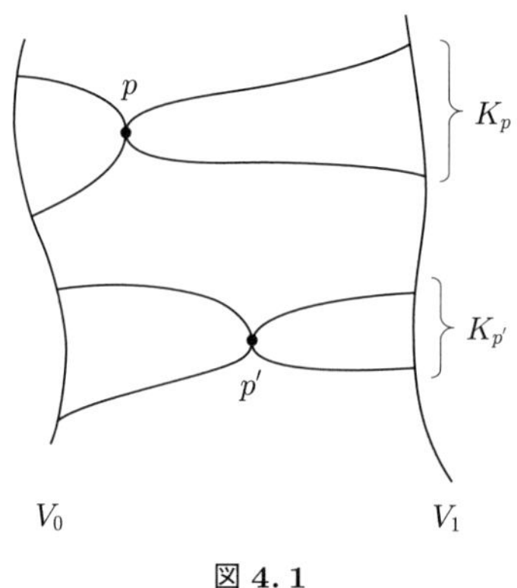

図 **4. 1**

(c) g は，$V_0 \cup V_1$ の近くでは f に一致し，p のある近傍および p' のある近傍では f に定数を加えたものに等しい．

(図 4. 1 を参照のこと．)

証明　あきらかに，$K = K_p \cup K_{p'}$ 以外の点を通る軌道は，すべて V_0 から V_1 へと向かう．$W \setminus K$ の点 q に，q からの軌道と V_0 の唯一の共通点を対応させる関数 $\pi\colon W \setminus K \to V_0$ は滑らかであり（定理 3. 4 を見よ），q が K の近くにあれば，$\pi(q)$ は V_0 内で K の近くにある．このことから，もしも滑らかな関数 $\mu\colon V_0 \to [0,1]$ が，左側球面 $K_p \cap V_0$ の近くで 0 かつ球面 $K_{p'} \cap V_0$ の近くで 1 ならば，各軌道上では定数で，K_p の近くでは 0 かつ $K_{p'}$ の近くでは 1 であるような滑らかな関数 $\overline{\mu}\colon W \to [0,1]$ に一意に拡張される．

新たなモース関数 $g\colon W \to [0,1]$ を，$g(q) = G(f(q), \overline{\mu}(q))$ によって定義する．ただし，$G(x,y)$ は次のような性質をもつどんな滑らかな関数 $[0,1] \times [0,1] \to [0,1]$ でもよい．(図 4. 2 を参照のこと．)

(i) すべての x, y に対して，$\dfrac{\partial G}{\partial x}(x,y) > 0$ かつ，x が 0 から 1 に増加するにつれて $G(x,y)$ は 0 から 1 に増加する．

(ii) $G(f(p),0) = a$, $G(f(p'),1) = a'$.

(iii) x が 0 か 1 に近いとき，任意の y に対して，$G(x,y) = x$.
$f(p)$ の近傍内の x に対して，$\dfrac{\partial G}{\partial x}(x,0) = 1$.

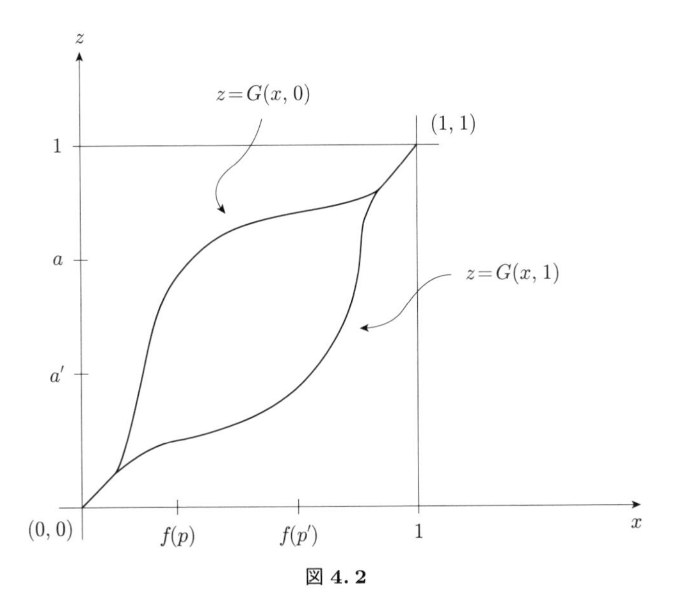

図 4. 2

$f(p')$ の近傍内の x に対して，$\dfrac{\partial G}{\partial x}(x,1)=1.$

g が求める性質(a)，(b)，(c)をもつことは簡単に確かめられる. □

拡張 4. 2 より一般に，定理 4.1 は，モース関数 f が二つの臨界点の集合 $p=\{p_1,\ldots,p_n\}$ と $p'=\{p'_1,\ldots,p'_\ell\}$ をもち，p のすべての点の値が同じ $f(p)$ であり，p' のすべての点の値が同じ $f(p')$ となるならば，同じ結論が成り立つ. 実際，証明はまったく同じである.

35 ページの記号を使って，$\lambda=\mathrm{index}(c)$, $\lambda'=\mathrm{index}(c')$, $n=\dim W$ とする. もしも

$$\dim S_R + \dim S'_L < \dim V$$

すなわち，

$$(n-\lambda-1)+(\lambda'-1) < n-1$$

または

$$\lambda \geq \lambda'$$

ならば，S'_L にぶつからないように S_R を動かす余裕があるといってよいだろう．

定理 4.4[*)] $\lambda \geq \lambda'$ ならば，V の小さな近傍が与えられたとき，その近傍上だけで f の勾配状ベクトル場を変更することで，V 内の対応する新たな球面 $\overline{S_R}$ と $\overline{S'_L}$ が交わらないようにできる．**より一般的には**，同境 c が指数 λ の f の臨界点 $p_1, \ldots, p_k$ をもち，同境 c' が指数 λ' の f の臨界点 $p'_1, \ldots,$ p'_ℓ をもつならば，V の小さな近傍が与えられたとき，その近傍上だけで f の勾配状ベクトル場を変更することで，V 内の対応する新たな球面が互いに交わらないようにできる．

定義 4.5　部分多様体 $M^m \subset V^v$ の開近傍 U で，$M^m \times \mathbb{R}^{v-m}$ と微分同相であり，M^m が $M^m \times 0$ に対応するようなものは，V^v における M^m の**積近傍**(product neighborhood)と呼ばれる．

補題 4.6　M と N を，v 次元の多様体 V におけるそれぞれ m 次元および n 次元の部分多様体とする．M が V において積近傍をもち，$m+n<v$ ならば，恒等写像に滑らかにアイソトピックな V から V の上への微分同相写像 h が存在して，$h(M)$ と N が交わらないようにできる．

注　M が積近傍をもつという仮定は必要ではないが，証明が簡単になる．

補題 4.6 の証明　$k\colon M \times \mathbb{R}^{v-m} \to U \subset V$ を，V における M の積近傍 U の上への微分同相写像で，$k(M \times \vec{0}) = M$ となるようなものとする．$N_0 = U \cap N$ とし，合成写像 $g = \pi \circ k^{-1}|_{N_0}$ を考える．ただし，$\pi\colon M \times \mathbb{R}^{v-m} \to \mathbb{R}^{v-m}$ は自然な射影である．

多様体 $k(M \times \vec{x}) \subset V$ が N と交わるのは，$\vec{x} \in g(N_0)$ となるときだけである．N_0 が空でないならば，$\dim N_0 = n < v-m$ である．したがって，サー

---

*) （訳注）定理等の番号 4.3 はない．

ドの定理(ド・ラーム[1, p. 10]を参照のこと)によって，$\mathbb{R}^{v-m}$ において $g(N_0)$ は測度ゼロである．よって，点 $\vec{u}\in\mathbb{R}^{v-m}\setminus g(N_0)$ が存在する．

V から V の上への微分同相写像で，M を $k(M\times\vec{u})$ に写し，恒等写像にアイソトピックであるようなものを構成しよう．$\mathbb{R}^{v-m}$ 上の滑らかなベクトル場 $\zeta(\vec{x})$ で，$|\vec{x}|\leq|\vec{u}|$ に対して $\zeta(\vec{x})=\vec{u}$ であり，$|\vec{x}|\geq 2\,|\vec{u}|$ に対して $\zeta(\vec{x})=0$ であるようなものは簡単に構成できる．ζ の台はコンパクトであり，$\mathbb{R}^{v-m}$ は境界をもたないので，積分曲線 $\psi(t,\vec{x})$ は，すべての実数値 t に対して定義される．（ミルナー[4, p. 10]を見よ．）すると，$\psi(0,\vec{x})$ は $\mathbb{R}^{v-m}$ 上の恒等写像であり，$\psi(1,\vec{x})$ は 0 を $\vec{u}$ に写す微分同相写像であるので，$0\leq t\leq 1$ に対して $\psi(t,\vec{x})$ は $\psi(0,\vec{x})$ から $\psi(1,\vec{x})$ への滑らかなアイソトピーとなる．

このアイソトピーは $\mathbb{R}^{v-m}$ のある有界集合の外のすべての点を動かさないので，アイソトピー

$$h_t\colon V\to V$$

を

$$h_t(w)=\begin{cases} k(q,\psi(t,\vec{x})) & (w=k(q,\vec{x})\in U) \\ w & (w\in V\setminus U) \end{cases}$$

として定義することができる．すると，$h=h_1$ は求める V から V の上への微分同相写像である．□

定理 4.4 の証明　記号を簡単にするために，定理 4.4 の前半だけを証明する．後半の一般的な主張は，同じようにして証明できる．

球面 S_R は V における積近傍をもつので(定義 3.9 と比較せよ)，補題 4.6 によって，恒等写像に滑らかにアイソトピックな微分同相写像 $h\colon V\to V$ で，$h(S_R)\cap S_L=\varnothing$ となるようなものが得られる．このアイソトピーを用いて，ξ を次のように変更する．

V の近傍が与えられたとき，$a<\dfrac{1}{2}$ を十分大きくとり，$f^{-1}[a,\dfrac{1}{2}]$ がその

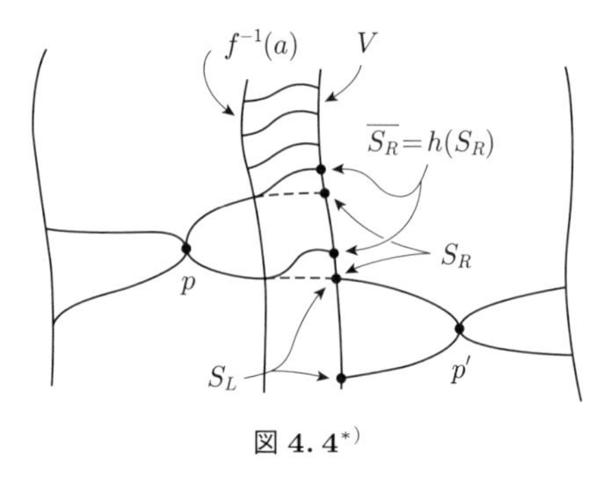

図 4.4*)

近傍に含まれるようにする．$\hat{\xi}=\xi/\xi(f)$ の積分曲線は，微分同相写像

$$\varphi\colon\ \left[a,\frac{1}{2}\right]\times V\to f^{-1}\left[a,\frac{1}{2}\right]$$

で，$f(\varphi(t,q))=t$, $\varphi(\frac{1}{2},q)=q\in V$ となるようなものを定める．$[a,\frac{1}{2}]\times V$ から $[a,\frac{1}{2}]\times V$ の上への微分同相写像 H を，$H(t,q)=(t,h_t(q))$ として定義する．ただし，$h_t(q)$ は，恒等写像から h への滑らかなアイソトピー $[a,\frac{1}{2}]\times V\to V$ であって，a に近い t では h_t が恒等写像となり，$\frac{1}{2}$ に近い t では $h_t=h$ となるようにしたものである．すると，容易に確認できるように，

$$\xi'=(\varphi\circ H\circ\varphi^{-1})_*\hat{\xi}$$

は $f^{-1}[a,\frac{1}{2}]$ 上で定義された滑らかなベクトル場で，$f^{-1}(a)$ の近くで $\hat{\xi}$ に一致し，$f^{-1}(\frac{1}{2})=V$ であり，恒等的に $\xi'(f)=1$ となる．したがって，W 上のベクトル場 $\overline{\xi}$ を，$f^{-1}[a,\frac{1}{2}]$ 上で $\xi(f)\xi'$ として，それ以外のところで ξ として定義すれば，$\overline{\xi}$ は f に対する滑らかな勾配状ベクトル場である．

さて，各点 $q\in V$ に対して，$\varphi(t,h_t(q))$ は，$f^{-1}(a)$ の中の $\varphi(a,q)$ から

*) （訳注）図 4.3 はない．

$f^{-1}(\frac{1}{2})=V$ の中の $\varphi(\frac{1}{2},h(q))=h(q)$ への $\overline{\xi}$ の積分曲線を表している．このことから，$f^{-1}(a)$ における p の右側球面 $\varphi(a\times S_R)$ は V の中の $h(S_R)$ に写されることがわかる．したがって，$h(S_R)$ は p の新たな右側球面 $\overline{S_R}$ である．あきらかに，$\overline{S_L}=S_L$ である．よって，$\overline{S_R}\cap\overline{S_L}=h(S_R)\cap S_L=\varnothing$ が成り立つ．これで，定理 4.4 が証明された．□

上記の議論の中で，次の補題 4.7 が証明されている．この補題は，このあとの章で頻繁に使われる．

補題 4.7　モース関数 f と勾配状ベクトル場 ξ をもつ三つ組 $(W;V_0,V_1)$ に対して，臨界点を含まない逆像 $V=f^{-1}(b)$ と恒等写像にアイソトピックな微分同相写像 $h\colon V\to V$ が与えられたとき，$a<b$ に対して $f^{-1}[a,b]$ が臨界点を含まないならば，f に対する新たな勾配状ベクトル場 $\overline{\xi}$ で次の 2 条件を満たすものを構成することができる．

(a)　$f^{-1}(a,b)$ の外では，$\overline{\xi}$ は ξ と一致する．

(b)　$\overline{\varphi}=h\circ\varphi$ となる．ただし，φ と $\overline{\varphi}$ は，それぞれ ξ と $\overline{\xi}$ の軌道から定まる微分同相写像 $f^{-1}(a)\to V$ である．

f を $-f$ で置き換えることによって，V の左側ではなく右側にある近傍 $f^{-1}(b,c)$ $(b<c)$ 上で ξ を変更するような同様の命題が得られる．

任意の同境 c は，有限個の基本同境の合成として表せること（系 2.10）を思い出そう．定理 4.4 と組み合わせて（暫定版）並び替え定理 4.1，拡張 4.2 を適用すると，次の定理が得られる．

定理 4.8（**（最終版）並び替え定理**）　任意の同境 c は合成

$$c=c_0c_1\cdots c_n \quad (n=\dim c)$$

として表すことができる．ただし，それぞれの同境 c_k は，すべての臨界点の指数が k であり，臨界値がただ一つのモース関数をもつ．

定理 4.8 の言い換え　同境の概念を用いなくても，モース関数についての次のような命題として述べることができる．三つ組 $(W; V_0, V_1)$ 上のモース関数が与えられたとき，新たなモース関数 f で，臨界点と指数は同じで，さらに，次の性質をもつものが存在する．

(1) $f(V_0) = -\dfrac{1}{2}$，$f(V_1) = n + \dfrac{1}{2}$.

(2) f の各臨界点 p に対して，$f(p) = \mathrm{index}(p)$.

定義 4.9　このような関数を**自己指数づけられた**(self-indexing)(または**良好な**(nice))モース関数と呼ぶことにする．

定理 4.8 は，スメール[8]とウォレス[9]による．

第5章 解消定理

(最終版)並び替え定理を見ると，次のような問いが自然に生じる．指数 λ の基本同境と指数 $\lambda+1$ の基本同境の合成 cc' は，どのようなときに積同境と同値になるのか．2次元での状況を図5.1に示した．

f を cc' に対する三つ組 $(W^n; V_0, V_1)$ 上のモース関数で，指数 λ の臨界点 p と指数 $\lambda+1$ の臨界点 p' をもち，$f(p) < 1/2 < f(p')$ となるようなものとする．f に対する勾配状ベクトル場 ξ は，$V = f^{-1}(1/2)$ の中に p の右側球面 S_R と p' の左側球面 S'_L を定める．このとき，$\dim S_R + \dim S'_L = (n-\lambda-1)+\lambda = n-1 = \dim V$ であることに注意せよ．

定義 5.1 二つの部分多様体 $M^m, N^n \subset V^v$ は，各点 $q \in M \cap N$ において，q における V の接空間が M に接するベクトルと N に接するベクトルによって張られるならば，**横断的交叉**(transverse intersection)をもつ(または**横断的に交わる**(intersect transversely))という．($m+n < v$ の場合，これは起こりえないので，横断的交叉は単に $M \cap N = \varnothing$ を意味する．)

主定理5.4の準備として，次の定理5.2を証明する．

定理 5.2 勾配状ベクトル場 ξ は，V の中で S_R が S'_L と横断的に交わるように選ぶことができる．

これを証明するために，次の補題5.3を用いる．これは，定義5.1の記号を使っている．

補題 5.3 M が V の中に積近傍をもつならば，V から V の上への微分同相写像 h が存在して，恒等写像に滑らかにアイソトピックであり，$h(M)$

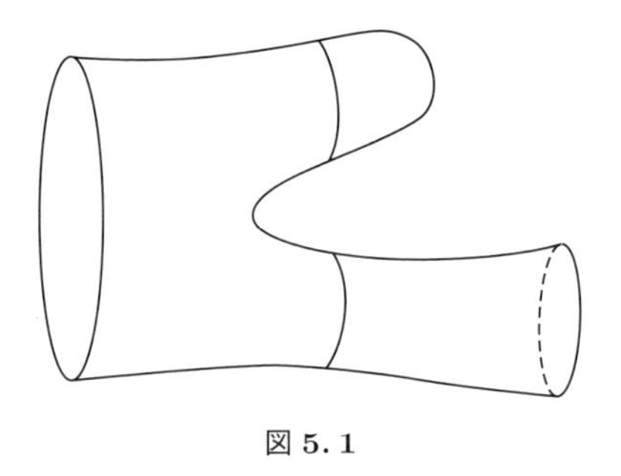

図 **5. 1**

が N と横断的に交わる.

注　補題 5.3 はあきらかに補題 4.6 を含んでいる. 実際, その証明は本質的に同じである. M に対して仮定した積近傍の存在は, 本当は必要ない.

証明　補題 4.6 と同じように, $k\colon M\times\mathbb{R}^{v-m}\to U\subset V$ を V における M の積近傍 U の上への微分同相写像で, $k(M\times\vec{0})=M$ となるようなものとする. $N_0=U\cap N$ とし, 合成写像 $g=\pi\circ k^{-1}|_{N_0}$ を考える. ただし, $\pi\colon M\times\mathbb{R}^{v-m}\to\mathbb{R}^{v-m}$ は自然な射影である.

多様体 $k(M\times\vec{x})$ が N と横断的に交わることがないのは, $\vec{x}\in\mathbb{R}^{v-m}$ がある臨界点 $q\in N_0$ の g による像で, g が q で最大階数 $v-m$ をもたないときだけである. しかし, サードの定理(ミルナー[10, p. 10]およびド・ラーム[1, p. 10]を参照のこと)によって, g のすべての臨界点の集合 $C\subset N_0$ の像 $g(C)$ は, $\mathbb{R}^{v-m}$ において測度ゼロである. したがって, 点 $\vec{u}\in\mathbb{R}^{v-m}\setminus g(C)$ を選んで, 補題 4.6 と同じように, V の恒等写像と V から V の上への微分同相写像 h とのアイソトピーで, M を $k(M\times\vec{u})$ に写すようなものを構成できる. $k(M\times\vec{u})$ は N と横断的に交わるので, 補題は証明された. □

定理 5. 2 の証明　補題 5.3 は, 恒等写像と滑らかにアイソトピックな微分同相写像 $h\colon V\to V$ で, $h(S_R)$ が S'_L と横断的に交わるようなものを与える. 補題 4.7 を用いると, 勾配状ベクトル場 ξ を, 新たな右側球面を $h(S_R)$ とし左側球面を変えないようなものに変更できる. これで, 定理 5.2 は証明された. □

第5章の残りでは，S_R が S'_L と横断的に交わると仮定する．$\dim S_R + \dim S'_L = \dim V$ なので，この交叉は有限個の孤立点からなる．なぜなら，q_0 が $S_R \cap S'_L$ の中にあるならば，V における q_0 の近傍 U に関する局所座標関数 $x^1(q), \ldots, x^{n-1}(q)$ が存在して，$x^i(q_0) = 0\ (i = 1, \ldots, n-1)$ であり，$U \cap S_R$ は零点集合 $x^1(q) = \cdots = x^\lambda(q) = 0$，$U \cap S'_L$ は零点集合 $x^{\lambda+1}(q) = \cdots = x^{n-1}(q) = 0$ となるからである．あきらかに，$S_R \cap S'_L \cap U$ の点は q_0 だけである．結果として，p から p' に向かう軌道は，$S_R \cap S'_L$ の各点を通るものだけであり，有限個である．

43ページで導入した記号を使い続けることにする．この章の主定理は次のように述べることができる．

定理 5.4（**第1解消定理**(first cancellation theorem)）　S_R と S'_L の交叉が横断的であり一点からなるならば，その同境は積同境である．実際，p から p' に向かうただ一つの軌道 T のいくらでも小さい近傍上で勾配状ベクトル場 ξ を変更して，いたるところゼロでないベクトル場 ξ' であって，そのすべての軌道が V_0 から V_1 に向かうようなものを作り出すことができる．さらに，ξ' は，$V_0 \cup V_1$ の近くでは f に一致して，臨界点をもたないようなモース関数 f' に対する勾配状ベクトル場である．（図5.2を参照のこと．）

注　定理5.4の証明は，M. モース[11, 32]によるもので，かなり厄介である．技術的な定理5.6を除いても，これ以降の17ページに及ぶ．

まず，T の近くでの ξ の振る舞いについて仮定をおいて，定理を証明する．

仮定 5.5　p から p' への軌道 T の近傍 U_T と局所座標系 $g\colon U_T \to \mathbb{R}^n$ で，次の3条件を満たすものが存在する．

(1)　p と p' はそれぞれ点 $(0, \ldots, 0)$ と $(1, 0, \ldots, 0)$ に対応する．

(2)　$g(q) = \vec{x}$ とするとき，$g_*\xi(q) = \vec{\eta}(\vec{x}) = (v(x_1), -x_2, \ldots, -x_\lambda, -x_{\lambda+1}, x_{\lambda+2}, \ldots, x_n)$ である．

(3)　さらに，$v(x_1)$ は x_1 の滑らかな関数で，$(0,1)$ 上で正，0と1でゼロ，

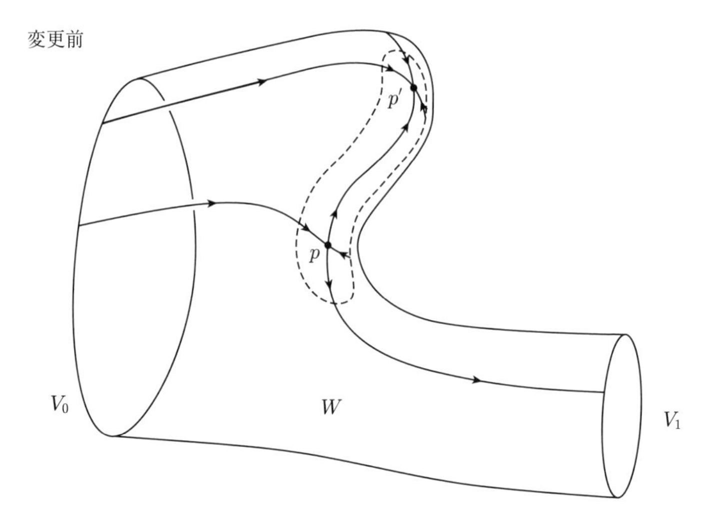

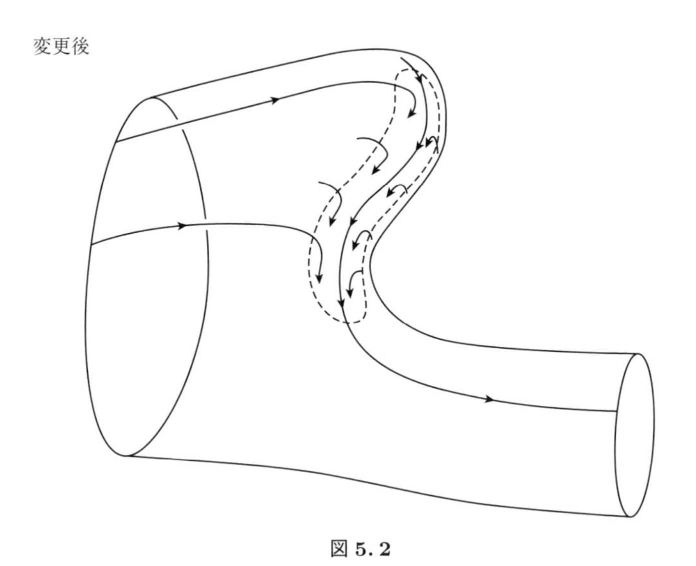

図 5.2

そのほかで負となる．また，$x_1=0,1$ の近くで $\left|\dfrac{\partial v}{\partial x_1}(x_1)\right|=1$ である．

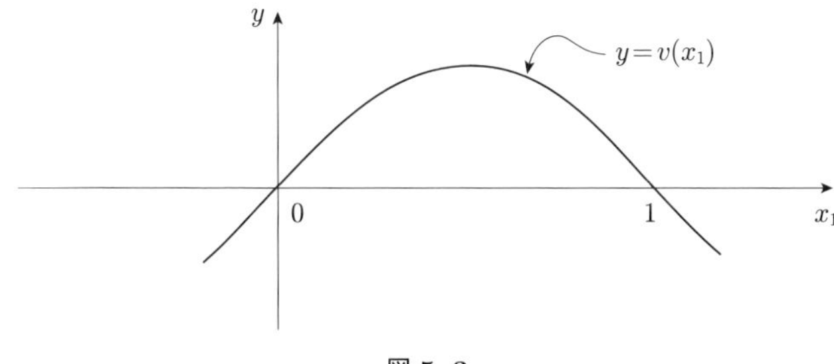

図 5.3

主張1 T の開近傍 U が与えられたとき，U の中に T のさらに小さな近傍 U' で，U' から出発して U の外に出たあと再び U' に戻る軌道がないようなものを，つねに見つけることができる．

証明 もしそうでないとしたら，ある点 r_k から出発して U の外にある点 s_k を通ってある点 t_k に達するような(部分的な)軌道の列 $T_1, T_2, \ldots, T_k, \ldots$ であって，点列 $\{r_k\}$ と $\{t_k\}$ がともに T に近づくようなものが存在するはずである．$W \setminus U$ はコンパクトなので，s_k は $s \in W \setminus U$ に収束すると仮定してよい．s を通る積分曲線 $\psi(t,s)$ は，V_0 を出発するか，V_1 に達するか，あるいはその両方でなければならない．そうでなければ，p と p' を結ぶもう一つの軌道になってしまう．簡単のため，$\psi(t,s)$ は V_0 を出発するものとしよう．このとき，初期値 s' について $\psi(t,s')$ は連続に依存するので，s の近くのすべての点に対して，その点を通り V_0 を出発するような軌道を見つけることができる．V_0 を出発し，s の近くの点 s' を通る部分的軌道 $T_{s'}$ は，コンパクトである．したがって，(いかなる計量でも) T から $T_{s'}$ までの最小距離 $d(s')$ は，s' に連続に依存し，s のある近傍のすべての点 s' に対してつねに0より真に大きい．$r_k \in T_{s_k}$ なので，$k \to \infty$ のときに点 r_k は T に近づきえないが，これは矛盾である． □

U を T の開近傍で $\overline{U} \subset U_T$ であるようなものとし，U' を $T \subset U' \subset U$ であるような主張1で与えられる「安全な」近傍とする．

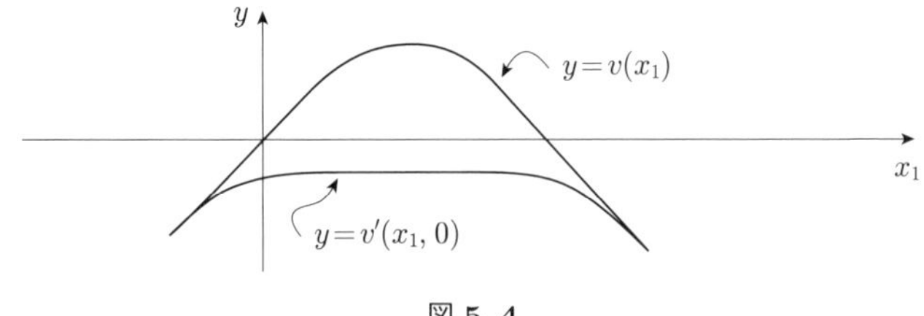

図 5.4

主張 2 U' のコンパクト部分集合上で ξ を変更して，いたるところゼロでないベクトル場 ξ' で，U の点を通る ξ' のすべての積分曲線がある時刻 $t'<0$ には U の外にあり，ある時刻 $t''>0$ に再び U の外にあるようなものを作り出すことができる．

証明 $\rho=(x_2^2+\cdots+x_n^2)^{1/2}$ として，$\vec{\eta}(\vec{x})=(v(x_1),-x_2,\ldots,x_n)$ を，次の 2 条件を満たす滑らかなベクトル場 $\vec{\eta'}(\vec{x})=(v'(x_1,\rho),-x_2,\ldots,x_n)$ で置き換える．

(i) $g(U')$ における $g(T)$ のコンパクト近傍の外では，$v'(x_1,\rho(\vec{x}))=v(x_1)$．

(ii) $v'(x_1,0)$ はいたるところ負である．

（図 5.4 を参照のこと．）

これによって，W 上でいたるところゼロでないベクトル場 ξ' が定まる．この局所座標系では，U_T 上の ξ' の積分曲線が満たす微分方程式は

$$\frac{dx_1}{dt}=v'(x_1,\rho),\quad \frac{dx_2}{dt}=-x_2,\quad \ldots,\quad \frac{dx_{\lambda+1}}{dt}=-x_{\lambda+1},$$
$$\frac{dx_{\lambda+2}}{dt}=x_{\lambda+2},\quad \ldots,\quad \frac{dx_n}{dt}=x_n$$

である．まずは t が増大するときに，$(x_1^0,\ldots,x_n^0)$ を初期値とする積分曲線 $\vec{x}(t)=(x_1(t),\ldots,x_n(t))$ を考える．

(a) $x_{\lambda+2}^0,\ldots,x_n^0$ のいずれかがゼロでない，たとえば $x_n^0\neq 0$ であれば，$|x_n(t)|=|x_n^0e^t|$ は指数関数的に増大し，$\vec{x}(t)$ はやがて $g(U)$ を離れる．

($g(\overline{U})$ はコンパクトであり，したがって有界である．)

(b) $x^0_{\lambda+2}=\cdots=x^0_n=0$ ならば，$\rho(\vec{x}(t))=[(x^0_2)^2+\cdots+(x^0_{\lambda+1})^2]^{1/2}e^{-t}$ は指数関数的に減少する．$\vec{x}(t)$ が $g(U)$ の中にとどまると仮定する．x_1 軸上で $v'(x_1,\rho(\vec{x}))$ は負なので，$\delta>0$ を十分小さくとるとコンパクト集合 $K_\delta=\{\vec{x}\in g(\overline{U})\mid \rho(\vec{x})\leq\delta\}$ 上で $v'(x_1,\rho(\vec{x}))$ が負であるようにできる．

このとき，$v'(x_1,\rho(\vec{x}))$ は，K_δ 上で負の上界 $-\alpha<0$ をもつ．やがては $\rho(\vec{x}(t))\leq\delta$ となり，それ以降は

$$\frac{dx_1(t)}{dt}\leq-\alpha$$

となる．よって，$\vec{x}(t)$ は，いつかは有界集合 $g(U)$ から離れてしまわなければならない．

同様の議論によって，t が減少するときも，$\vec{x}(t)$ は $g(U)$ の外に出ることが示せる．□

主張 3　ベクトル場 ξ' のすべての軌道は，V_0 を出発して V_1 に達する．

証明　ξ' の積分曲線がどこかで U' の中にあるならば，主張 2 によって，やがては U の外に出る．それは，U' を離れると，ξ の軌道に従う．したがって，いったん U の外に出ると，主張 1 によって，永遠に U' の外に出たままである．結果として，V_1 に達する ξ の軌道に従わなければならない．同様の議論により，V_0 を出発することも示せる．一方，ξ' の積分曲線がけっして U' に入らないならば，それは，V_0 から V_1 への ξ の積分曲線である．□

主張 4　自然な方法により，ξ' は微分同相写像 ϕ: $([0,1]\times V_0;0\times V_0,1\times V_0)\to(W;V_0,V_1)$ を定める．

証明　$\psi(t,q)$ を ξ' の積分曲線の族とする．ξ' はどこでも ∂W に接しないので，陰関数定理によって，$q\in W$ に $\psi(t,q)$ が V_1 に達した時刻(または V_0 に達した時刻を (-1) 倍したもの)を割り当てる関数 $\tau_1(q)$ (または $\tau_0(q)$)は，

q に関して滑らかである．すると，$\pi(q)=\psi(-\tau_0(q),q)$ で与えられる射影 $\pi\colon W\to V_0$ も滑らかである．あきらかに，滑らかなベクトル場 $\tau_1(\pi(q))\xi'(q)$ は，単位時間で V_0 から V_1 に進む積分曲線をもつ．簡単のため，ξ' はもともとこの性質をもつと仮定する．このとき，求める微分同相写像 ϕ は

$$(t,q_0)\mapsto\psi(t,q_0)$$

と定義され，その逆写像は滑らかな写像

$$q\mapsto(\tau_0(q),\pi(q))$$

である． □

主張 5　ベクトル場 ξ' は，$V_0\cup V_1$ の近傍上で f と一致するような W 上の(臨界点をもたない)モース関数 g に対する勾配状ベクトル場である．

証明　主張 4 を考えれば，モース関数 $g\colon[0,1]\times V_0\to[0,1]$ で，$\dfrac{\partial g}{\partial t}>0$ であり，$0\times V_0\cup 1\times V_0$ の近くで g と $f_1=f\circ\phi$ が一致するようなものを見つけることができれば十分である．($V_0=f^{-1}(0)$ かつ $V_1=f^{-1}(1)$ と仮定してよい．) あきらかに，$\delta>0$ が存在して，すべての $q\in V_0$ に対して，$t<\delta$ または $t>1-\delta$ ならば $\dfrac{\partial f_1}{\partial t}(t,q)>0$ となる．滑らかな関数 $\lambda\colon[0,1]\to[0,1]$ を，$t\in[\delta,1-\delta]$ に対してはゼロで，0 または 1 に近い t に対しては 1 であるようなものとする．関数

$$g(u,q)=\int_0^u\left\{\lambda(t)\frac{\partial f_1}{\partial t}(t,q)+[1-\lambda(t)]k(q)\right\}dt$$

を考える．ただし，$k(q)=\left\{1-\displaystyle\int_0^1\lambda(t)\frac{\partial f_1}{\partial t}(t,q)dt\right\}\Big/\displaystyle\int_0^1[1-\lambda(t)]dt$ とする．δ を十分に小さくとると，すべての $q\in V_0$ に対して $k(q)>0$ と仮定してよい．このとき，g はあきらかに求める性質をもつ． □

仮定 5.5 を認めると，これで第 1 解消定理 5.4 は証明される．定理 5.4 を示すためには，次の主張を証明しなければならない．

主張 6　S_R と S'_L が一点で横断的に交わるならば，仮定 5.5 を満たすよ

うな新たな勾配状ベクトル場 ξ' を選ぶことがつねに可能である．

注　主張6の証明は，この章の残り11ページを占める．その前半では問題を技術的補題(定理5.6)に帰着させ，後半ではその補題を証明する．

証明　$\vec{\eta}(\vec{x})$ を，仮定5.5で述べた形の $\mathbb{R}^n$ 上のベクトル場で原点 O と x_1 軸上の単位点 e を特異点とするようなものとする．関数

$$F(\vec{x}) = f(p) + 2\int_0^{x_1} v(t)dt - x_1^2 - \cdots - x_{\lambda+1}^2 + x_{\lambda+2}^2 + \cdots + x_n^2$$

は $\mathbb{R}^n$ 上のモース関数で，$\vec{\eta}(\vec{x})$ は F に対する勾配状ベクトル場である．関数 $v(x_1)$ をうまく選ぶと，$F(e)=f(p')$，すなわち，$2\int_0^1 v(t)dt = f(p') - f(p)$ となるようにできる．

f に対する勾配状ベクトル場の定義3.1に従うと，臨界点 p, p' それぞれの周りの座標系 $(x_1, \ldots, x_n)$ が存在して，f が適切な指数をもつ関数 $\pm x_1^2 \pm \cdots \pm x_n^2$ に対応し，ξ の座標表示が $(\pm x_1, \ldots, \pm x_n)$ となることを思い出そう．このとき，容易に確認できるように，$a_1 = f(p) < b_1 < b_2 < f(p') = a_2$ であるような値 b_1, b_2 と，O と e の互いに交わらない閉近傍 L_1 と L_2 からそれぞれ p と p' の近傍の上への微分同相写像 g_1, g_2 で，次の2条件を満たすものが存在する．

(a)　微分同相写像 g_1 と g_2 は，$\vec{\eta}$ を ξ に写し，F を f に写し，線分 Oe 上の点を T 上の点に写す．

(b)　p_i によって $T \cap f^{-1}(b_i)$ $(i=1,2)$ を表すとき，L_1 の像は $f^{-1}[a_1, b_1]$ における T の線分 pp_1 の近傍であり，L_2 の像は $f^{-1}[b_2, a_2]$ における T の線分 p_2p' の近傍である．(図5.5を参照のこと．)

$g_1^{-1}f^{-1}(b_1)$ における $g_1^{-1}(p_1)$ の小さな近傍 U_1 の点を始点とする $\vec{\eta}(\vec{x})$ の軌道が $g_2^{-1}f^{-1}(b_2)$ の中の点へと進み，その点の全体が U_1 と微分同相な U_2 となる．さらに，その軌道は L_0 のすべての点を通り，L_0 は $U_1 \times [0,1]$ と微分同相であって，$L_1 \cup L_0 \cup L_2$ は Oe の近傍である．このことから，$\vec{\eta}$ の軌道を ξ の軌道に写し，F の値を f の値に写すという条件によって定まる，$L_1 \cup L_0$ から W への滑らかな埋め込み $\overline{g_1}$ への g_1 の拡張が一意に存在する．

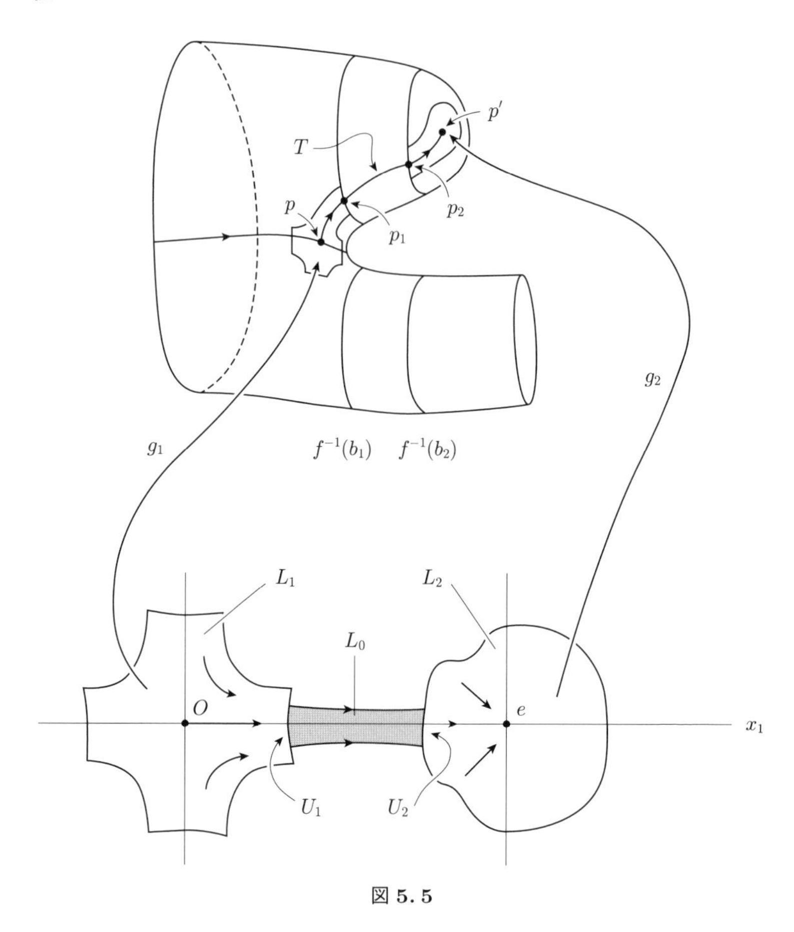

図 5.5

さて，しばらくの間，$\overline{g_1}$ と g_2 によって与えられる U_2 から $f^{-1}(b_2)$ への二つの埋め込みが，少なくとも U_2 における $g_2^{-1}(p_2)$ のある小さな近傍では一致するものとしよう．このとき，$\overline{g_1}$ と g_2 によって，Oe の小さな近傍 V から W における T の近傍の上への微分同相写像 $\overline{g}$ で，軌道と値を保つようなものが与えられる．このことから，$\overline{g}(V)$ 上で定義された滑らかな正実数値関数 k が存在して，$\overline{g}(V)$ のすべての点で

$$\overline{g_*}\vec{\eta} = k\xi$$

となることがわかる．Oe の近傍 V を十分小さく選ぶことにより，関数 k は W のすべての点で定義され，滑らかであり，正であると仮定してよい．このとき，$\xi' = k\xi$ は，仮定5.5を満たす勾配状ベクトル場である．したがって，前述の仮定が成り立つときには，主張6が証明された．　□

一般の場合，ベクトル場 ξ が微分同相写像 $h\colon f^{-1}(b_1) \to f^{-1}(b_2)$ を定め，ベクトル場 $\vec{\eta}$ が微分同相写像 $h'\colon U_1 \to U_2$ を定める．あきらかに，前段落の仮定が成り立つのは，h が p_1 の近くで $h_0 = g_2 \circ h' \circ g_1^{-1}$ と一致するときだけである．さて，補題4.7によって，h とアイソトピックな任意の微分同相写像は，$f^{-1}(b_1, b_2)$ 上でだけ ξ と異なる新たな勾配状ベクトル場に対応する．したがって，h を，p_1 の近くで h_0 と一致する微分同相写像 $\overline{h}$ で値 b_2 にある新たな右側球面 $\overline{h}(S_R(b_1))$ が $S'_L(b_2)$ と一点 p_2 だけで横断的に交わるようなものに変形できるならば，主張6は成り立つ．（ここでの b_1 や b_2 は，球面がどの値 b にあるかを表している．）

簡単のため，p_1 の非常に小さな近傍上で $h_0^{-1} \circ h$ を変形させて，p_1 のさらに小さな近傍上で恒等写像と一致させるような $h_0^{-1} \circ h$ の適切なアイソトピーを与えることで，求める h への変形を記述する．必要ならばあらかじめ g_2 を変形させておくと，$h_0^{-1} \circ h$ が $p_1 = h_0^{-1} \circ h(p_1)$ において向きを保ち，p_1 での $h_0^{-1} \circ h(S_R(b_1))$ と $S_L(b_1)$ の交叉数と $S_R(b_1)$ と $S_L(b_1)$ の交叉数が同じ（ともに $+1$ か，またはともに -1）だとわかる．（交叉数の定義については，第6章を参照のこと．）このとき，次の局所的な定理5.6によって，必要なアイソトピーが与えられる．

$n = a + b$ とする．点 $x \in \mathbb{R}^n$ は，$u \in \mathbb{R}^a$, $v \in \mathbb{R}^b$ として $x = (u, v)$ と書くことができる．$u \in \mathbb{R}^a$ を $(u, 0) \in \mathbb{R}^n$ と同一視し，$v \in \mathbb{R}^b$ を $(0, v) \in \mathbb{R}^n$ と同一視する．

定理 5.6　h を，次の2条件を満たす $\mathbb{R}^n$ から $\mathbb{R}^n$ への向きを保つ埋め込みとする．

(1)　$h(O) = O$．（ただし，O は $\mathbb{R}^n$ の原点を表す．）

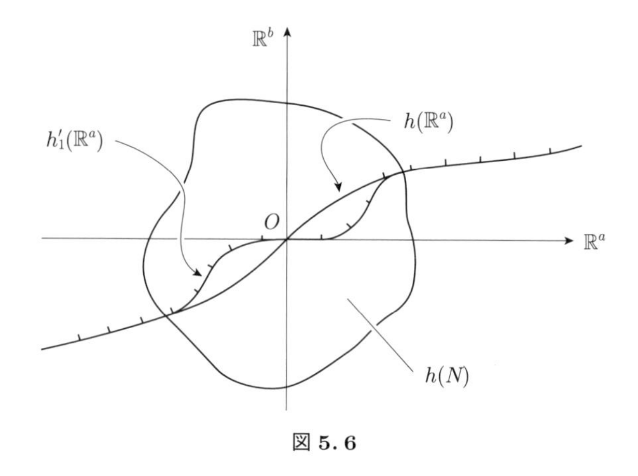

図 5.6

(2) $h(\mathbb{R}^a)$ は，$\mathbb{R}^b$ と原点のみで交わる．この交叉は横断的で，その交叉数は $+1$ である．（ただし，$\mathbb{R}^a$ は $\mathbb{R}^b$ と交叉数 $+1$ で交わるものとする．）

このとき，原点の任意の近傍 N に対して，滑らかなアイソトピー $h'_t\colon \mathbb{R}^n \to \mathbb{R}^n$ $(0 \leq t \leq 1)$ が存在して，$h'_0 = h$ かつ次の 3 条件を満たす．

(I) $x = O$ および $x \in \mathbb{R}^n \setminus N$ に対して $h'_t(x) = h(x)$ $(0 \leq t \leq 1)$.

(II) O の小さな近傍 N_1 の中の x に対して $h'_1(x) = x$.

(III) $h'_1(\mathbb{R}^a) \cap \mathbb{R}^b = O$.

補題 5.7 $h\colon \mathbb{R}^n \to \mathbb{R}^n$ を定理 5.6 の仮定にある写像とする．このとき，次の 2 条件を満たす滑らかなアイソトピー $h_t\colon \mathbb{R}^n \to \mathbb{R}^n$ $(0 \leq t \leq 1)$ が存在する．

(i) $h_0 = h$ であり，h_1 は $\mathbb{R}^n$ の恒等写像である．

(ii) 各 $t \in [0,1]$ に対して $h_t(\mathbb{R}^a) \cap \mathbb{R}^b = O$ であり，その交叉は横断的である．

補題 5.7 の証明 $h(O) = O$ なので，$h(x)$ は，$x = (x_1, \ldots, x_n)$ として $h(x) = x_1 h^1(x) + \cdots + x_n h^n(x)$ の形で表すことができる．ここで，$h^i(x)$ $(i = 1, \ldots, n)$ は，x の滑らかなベクトル値関数であり，（結果として）$h^i(O) =$

$\dfrac{\partial h}{\partial x_i}(O)$ である（ミルナー[4, p.6]を参照のこと）．$0 \leq t \leq 1$ に対して h_t を

$$h_{1-t}(x) = \frac{1}{t}h(tx) = x_1 h^1(tx) + \cdots + x_n h^n(tx)$$

と定義すると，$h_t(x)$ はあきらかに h から線型写像

$$h_1(x) = x_1 h^1(O) + \cdots + x_n h^n(O)$$

への滑らかなアイソトピーである．$h(\mathbb{R}^a)$ と $h_t(\mathbb{R}^a)$ は，$O \in \mathbb{R}^n$ において接ベクトル $h^1(O), \ldots, h^a(O)$ による有向基底をもつので，すべての $0 \leq t \leq 1$ に対して $h_t(\mathbb{R}^a)$ は O において $\mathbb{R}^b$ と正の横断的交叉をもつ．あきらかに，$h_t(\mathbb{R}^a) \cap \mathbb{R}^b = O$ である．したがって，h_1 が恒等線型写像ならば，これで補題は証明された．

h_1 が恒等線型写像でないならば，$\mathbb{R}^n$ の向きを保つ正則線型変換 L で，$L(\mathbb{R}^a)$ が $\mathbb{R}^b$ と正の横断的交叉をもつようなものすべて，すなわち，$L = \left(\begin{array}{c|c} A & * \\ \hline * & * \end{array}\right)$ の形をした行列による変換からなる族 $\Lambda \subset GL(n, \mathbb{R})$ を考える．ただし，A は $a \times a$ 行列で，

$$\det L > 0, \quad \det A > 0$$

である．

主張　任意の $L \in \Lambda$ に対して，L を恒等写像に変形する滑らかなアイソトピー L_t（$0 \leq t \leq 1$）が存在して，すべての t に対して $L_t \in \Lambda$ となる．言い換えると，Λ の中に L から恒等写像への滑らかな道が存在する．

証明　最初の a 行（列）の一つのスカラー倍を最後の b 行（列）の一つに加えることは，あきらかに Λ の滑らかな変形（＝道）によって実現できる．有限回のこのような演算によって，行列 L は次のような形に帰着される．

$$L' = \left(\begin{array}{c|c} A & 0 \\ \hline 0 & B \end{array}\right)$$

ただし，B は $b\times b$ 行列であり，（必然的に）$\det B>0$ である．よく知られているように，行列の基本変形は $GL(a,\mathbb{R})$ の中の変形で実現可能であり，行列 A に基本変形を有限回行うことで，A を恒等行列に帰着できる．同様の主張が B に対しても成り立つ．したがって，A と B それぞれの恒等行列への滑らかな変形 A_t, B_t $(0\leq t\leq 1)$ が存在して，$\det A_t>0$, $\det B_t>0$ となる．これらによって，Λ における L' から恒等写像への変形が得られる．これで上記の主張が証明され，補題 5.7 も証明された．□

定理 5.6 の証明　h_t $(0\leq t\leq 1)$ を補題 5.7 のアイソトピーとする．$E\subset N$ を O を中心とする開球体とし，d を O から $\mathbb{R}^n\setminus h(E)$ への距離とする．$h_t(O)=O$ であり，区間 $0\leq t\leq 1$ はコンパクトなので，O を中心とする開球体 E_1 が存在して，$\overline{E_1}\subset E$ であり，すべての $x\in\overline{E_1}$ に対して $|h_t(x)|<d$ となる．ここで，

$$\overline{h}_t(x) = \begin{cases} h_t(x) & (x\in\overline{E_1}) \\ h(x) & (x\in\mathbb{R}^n\setminus E) \end{cases}$$

と定義すると，これは $h|_{\overline{E_1}\cup(\mathbb{R}^n\setminus E)}$ のアイソトピーである．最初の段階として，これを h のアイソトピーで少なくとも定理 5.6 の条件(I)，(II)を満たすようなものに拡張しよう．

まず，h の**任意の**アイソトピー h_t $(0\leq t\leq 1)$ には，t の値を保つ滑らかな埋め込み

$$H\colon [0,1]\times\mathbb{R}^n \to [0,1]\times\mathbb{R}^n$$

が対応し，またその逆の対応もあることがわかる．これらは，単純に次のような関係にある．

$$H(t,x) = (t, h_t(x)).$$

埋め込み H は，その像の上にベクトル場

$$\vec{\tau}(t,y) = H(t,x)_* \frac{\partial}{\partial t} = \left(1, \frac{\partial h_t(x)}{\partial t}\right)$$

を定める．ただし，$(t,y)=H(t,x)$，すなわち，$y=h_t(x)$ である．このベクトル場と埋め込み h_0 を合わせると，完全に h_t が定まり，したがって，H も定まる．実際，$\psi(t,y)=(t, h_t \circ h_0^{-1}(y))$ は初期値が $(0,y) \in 0 \times h_0(\mathbb{R}^n)$ であるような積分曲線のただ一つの族である．

これらの考察が，R. トムによる手法の基礎である．まず，ベクトル場

$$\vec{\tau}(t,y) = \left(1, \frac{\partial \overline{h}_t}{\partial t}(h_t^{-1}(y))\right)$$

を $[0,1] \times \mathbb{R}^n$ 上で $(1, \vec{\zeta}(t,y))$ という形のベクトル場に拡張することによって，アイソトピー $\overline{h}_t$ を $[0,1] \times \mathbb{R}^n$ 全体に拡張しよう．

あきらかに，$\overline{h}_t$ は，その閉領域 $[0,1] \times (\overline{E_1} \cup (\mathbb{R}^n \setminus E))$ の小さな開近傍に拡張することができる．これが，$\vec{\tau}(t,y)$ をその閉領域の近傍 U に拡張したものを与える．もとの閉領域では恒等的に 1 で，U の外側では恒等的にゼロであるような滑らかな関数を掛けることにより，$[0,1] \times \mathbb{R}^n$ への拡張が作られる．最後に，第 1 成分を 1 にすると，滑らかな拡張

$$\vec{\tau}'(t,y) = (1, \vec{\zeta}(t,y))$$

が得られる．積分曲線の族 $\psi(t,y)$ は，$y \in \mathbb{R}^n$ と**すべての** $t \in [0,1]$ に対して定義されていることに注意せよ．$y \in \mathbb{R}^n \setminus h(E)$ に対しては，これは自明である．$y \in h(E)$ に対しては，積分曲線がコンパクト集合 $[0,1] \times h(\overline{E})$ の中にとどまらなければならないという事実から従う．族 ψ は，t の値を保つ滑らかな埋め込み

$$\psi\colon [0,1] \times \mathbb{R}^n \to [0,1] \times \mathbb{R}^n$$

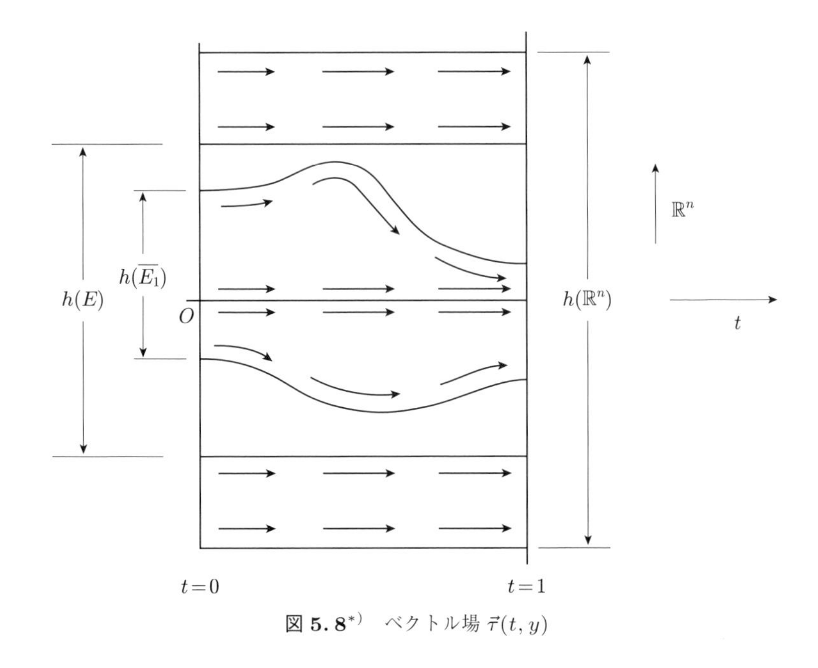

図 5.8*) ベクトル場 $\vec{\tau}(t,y)$

を与える．このとき，方程式

$$\psi(t,y)=(t,\overline{h}_t\circ h^{-1}(y))$$

は，$\overline{h}_t$ から，h の滑らかなアイソトピーへの拡張で，少なくとも定理 5.6 の条件(I)，(II)を満たすようなものを与えている．

同様の議論によって，R. トムによる次の定理 5.8 を証明できる．(完全な証明については，ミルナー[12, p. 5]またはトム[13]を参照のこと．) この定理は，第 8 章で用いる．

定理 5.8 (**アイソトピー拡張定理**(isotopy extension theorem)) M を，境界のない滑らかな多様体 N の滑らかなコンパクト部分多様体とする．h_t $(0\le t\le 1)$ が $i\colon M\subset N$ の滑らかなアイソトピーならば，h_t は，N のコンパクト部分集合の外にある点を動かさないような，恒等写像 $N\to N$ の滑

*) (訳注) 図 5.7 はない．

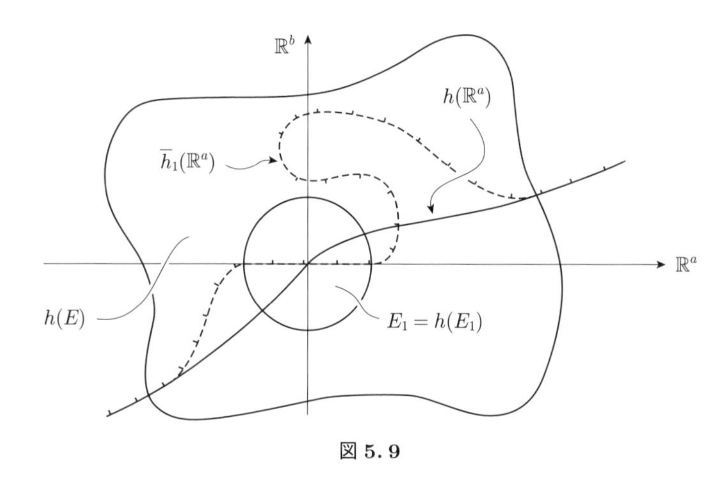

図 5. 9

らかなアイソトピー $h'_t\,(0\leq t\leq 1)$の制限である.

定理 5.6 の証明に戻り, $\overline{h}_t$ によって拡張されたアイソトピーを表す. 残された定理 5.6 の条件(III)が成り立たないのは, 図 5.9 に示したように $\overline{h}_t$ による $\mathbb{R}^a$ の像と $\mathbb{R}^b$ に新たな交点が生じるときである.

したがって, 新たな交点が生じないような小さい t (その範囲を $t\leq t'$ としよう)のときだけ, $\overline{h}_t$ を使うことができる. 上記の構成を用いて, $\overline{h}_{t'}$ を E_1 の点でだけ変更し, そこでは $\overline{h}_{t'}$ が $h_{t'}$ に一致するようなさらなる変形を構成する. これを有限回繰り返すことによって, 求めるアイソトピーが得られる. 詳細は次のとおりである.

補題 5.7 のアイソトピー h_t は次の形に書けることに注意せよ.

$$(*)\qquad h_t(x) = x_1h^1(t,x)+\cdots+x_nh^n(t,x).$$

ただし, $h^i(t,x)\,(i=1,\ldots,n)$は t と x の滑らかな関数で, (結果として) $h^i(t,O)=\dfrac{\partial h_t}{\partial x_i}(O)$ である. (ミルナー[4, p. 6]の証明は, 変数 t があっても同様に成り立つ.)

補題 5. 9 正定数 K, k が存在して, $\mathbb{R}^n$ の原点の近傍の中のすべての x とすべての $t\in[0,1]$ に対して次の不等式が成り立つ.

(1) $\left|\dfrac{\partial h_t(x)}{\partial t}\right| < K\,|x|$.

(2) $x \in \mathbb{R}^a$ に対して $|\pi_a \circ h_t(x)| > k\,|x|$. ただし, $\pi_a\colon \mathbb{R}^n \to \mathbb{R}^a$ は自然な射影である.

証明　条件(1)の不等式は, $(*)$を微分するだけである. 条件(2)の不等式は, コンパクトな区間 $[0,1]$ のすべての t に対して $h_t(\mathbb{R}^a)$ は $\mathbb{R}^b$ と横断的であることからわかる. □

これで, 帰納的な議論によって, 定理5.6の証明は次のように完成する. 何らかの方法により, h にアイソトピックな埋め込み $\tilde{h}\colon \mathbb{R}^n \to \mathbb{R}^n$ で次の2条件を満たすようなものが得られているとする.

(1) ある t_0, $0 \leq t_0 \leq 1$ に対して, O の近くにあるすべての x に対して $\tilde{h}(x)$ は $h_{t_0}(x)$ と一致し, N の外にあるすべての x に対して $\tilde{h}(x)$ は $h(x)$ と一致する.

(2) $\tilde{h}(\mathbb{R}^a) \cap \mathbb{R}^b = O$.

このとき, h の代わりに $\tilde{h}$ を使い, $[0,1]$ の代わりに $[t_0,1]$ を使い, 次の(a)と(b)のように選ぶことによって, 56–58ページで与えた $\overline{h}_t$ の構成法を繰り返す.

(a) 球体 $E \subset N$ を, すべての点 $x \in E$ に対して $\tilde{h}(x) = h_{t_0}(x)$ であり, 補題5.9の不等式が成り立つように, 十分小さく選ぶ.

$\overline{h}_t$ がもともと定義されている集合 $[t_0,1] \times (\overline{E_1} \cup (\mathbb{R}^n \setminus E))$ 上では, r を E の半径として

$$\left|\frac{\partial h_t(x)}{\partial t}\right| < Kr \tag{§}$$

となることに注意せよ. ただし, $\dfrac{\partial \overline{h}_t(x)}{\partial t}$ は, $\vec{\tau}(t,y)$ の $\mathbb{R}^n$ 成分である. したがって, 57ページの構成法からあきらかなように,

(b) $\vec{\tau}(t,y)$ の拡張された $\mathbb{R}^n$ 成分 $\vec{\zeta}(t,y)$ を, いたるところで絶対値が $k_1 r$ より小さくなるように選ぶことができる.

このとき, $\overline{h}_t$ は, $[t_0,1] \times \mathbb{R}^n$ のいたるところで(§)を満たす.

この $\overline{h}_t$ は，$t_0 \le t \le t_0 + \dfrac{k}{K}$ に対して $\mathbb{R}^a$ の像と $\mathbb{R}^b$ に新たな交わりを生じさせないことを示す．実際，$x \in \mathbb{R}^a \cap (E \setminus E_1)$ ならば，$\mathbb{R}^b$ から $\overline{h}_{t_0}(x)$ への距離は

$$\left|\pi_a \circ \overline{h}_{t_0}(x)\right| = \left|\pi_a \circ h_{t_0}(x)\right| > kr$$

である．したがって，(§)により，$t_0 \le t \le t_0 + \dfrac{k}{K}$ に対して

$$\left|\pi_a \circ \overline{h}_t(x)\right| > kr - (t - t_0)Kr \ge 0$$

である．

最後に，同様のアイソトピーと合成できるようにするために，アイソトピー $\overline{h}_t$ $(t_0 \le t \le t_0' = \min(1, t_0 + \dfrac{k}{K}))$ が

$$\overline{h}_t(x) = \begin{cases} \tilde{h}(x) & (t \text{ が } t_0 \text{ の近くにある場合}) \\ \overline{h}_{t_0'}(x) & (t \text{ が } t_0' \text{ の近くにある場合}) \end{cases}$$

を満たすように変数 t を補正する．定数 k/K は h_t だけに依存するので，求める滑らかなアイソトピーは，このような方法で構成したアイソトピーの有限個の合成である．よって，定理5.6が証明された．□

これは，主張6 (50ページ) が成り立ち，したがって，一般に第1解消定理が証明できたことを意味する．

第6章 より強い解消定理

この講義録を通して，とくに断らない限り，整数係数の特異ホモロジーを用いる．

M と M' を，滑らかな $(r+s)$ 次元多様体 V の滑らかな r 次元および s 次元の部分多様体として，点 $p_1,\ldots,p_k$ で横断的に交わるとする．M には向きが与えられていて，V における M' の法束 $\nu(M')$ にも向きが与えられていると仮定する．p_i における M の接空間 TM_{p_i} を張る線型独立なベクトルの r 枠 $\xi_1,\ldots,\xi_r$ で正の向きをもつようなものを選ぶ．p_i における交叉は横断的なので，ベクトル $\xi_1,\ldots,\xi_r$ は，法束 $\nu(M')$ の p_i におけるファイバーの基底を代表する．

定義 6.1 **p_i における M と M' の交叉数**(intersection number)は，$\nu(M')$ の p_i におけるファイバーの基底としてベクトル $\xi_1,\ldots,\xi_r$ の向きが正か負かに従って $+1$ か -1 と定義される．**M と M' の交叉数** $M'\cdot M$ は，すべての点 p_i における交叉数の和として定める．

注 1 式 $M'\cdot M$ では，向きづけられた法束をもつ多様体を先に書くことにする．

注 2 V に向きが与えられているとき，任意の部分多様体 N に対して，N が向きづけ可能であることは，その法束が向きづけ可能であることと同値である．実際，N に対する向きが与えられたとき，$\nu(N)$ に対して向きを与える自然な方法があり，またその逆も成り立つ．具体的には，N の任意の点において，N の正の向きをもつ接枠の次に，$\nu(N)$ の正の向きをもつ枠を並べたものが，V における正の向きをもつ枠になるようにする．

したがって，V に向きが与えられているならば，$\nu(M)$ と M' に向きを与える自然な方法がある．これらの向きづけの下で，

$$M\cdot M' = (-1)^{rs} M'\cdot M$$

となることが確かめられる．法束 $\nu(M)$ と M' の向きがこのやり方で結びつけられていないとしても，V が向きづけ可能ならば，あきらかに $M\cdot M' = \pm M'\cdot M$ は成り立つ．

さて，M, M', V を境界のない連結なコンパクト多様体と仮定する．交叉数 $M\cdot M'$ が M の変形や M' の全アイソトピーで変化しないことを主張する補題6.3を証明する．この補題6.3によって，V の二つの連結な閉部分多様体で次元の和は V の次元に等しいが，必ずしも横断的に交わってはいないようなものの交叉数の定義が与えられる．この補題は，トム同型定理（ミルナー[19]の付録を参照のこと）と管状近傍定理（マンカーズ[5, p. 46]とラング[3, p. 73]またはミルナー[12, p. 19]を参照のこと）の系である次の補題6.2にもとづいている．

補題 6. 2　上記のような M' と V に対して，自然な同型写像 ψ: $H_0(M') \to H_r(V, V\setminus M')$ が存在する．

この補題の証明は省略する．

α を $H_0(M')\cong\mathbb{Z}$ の標準的な生成元とし，$[M]\in H_r(M)$ を向きを与える生成元とすると，証明したい補題は次のようになる．

補題 6. 3　系列

$$H_r(M) \xrightarrow{g} H_r(V) \xrightarrow{g'} H_r(V, V\setminus M')$$

において，$g'\circ g([M]) = (M'\cdot M)\psi(\alpha)$ が成り立つ．ただし，g と g' は包含写像から誘導される写像である．

証明　$p_1, \ldots, p_k$ それぞれを含む互いに交わらない M の r 次元開球体 $U_1, \ldots, U_k$ を選ぶ．トム同型の自然性により，包含写像から誘導された写像

$$H_r(U_i, U_i\setminus\{p_i\}) \to H_r(V, V\setminus M')$$

は $\gamma_i \mapsto \varepsilon_i\psi(\alpha)$ によって与えられる同型写像である．ただし，γ_i は $H_r(U_i, U_i\setminus\{p_i\})$ の向きを与える生成元であり，ε_i は p_i における M と M' の交叉

数である．可換図式

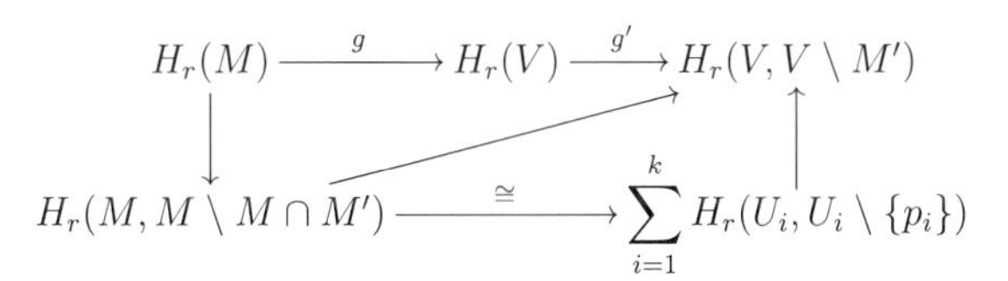

を用いると，証明は完成できる．ただし，下段の同型写像は切除同型から得られ，そのほかの準同型写像は包含写像から誘導される．□

これで，第1解消定理5.4を強めることができる．43ページの定理5.4の状況に戻ろう．すなわち，$(W^n; V_0, V_1)$ を三つ組として，f はモース関数で，ξ をその勾配状ベクトル場とする．さらに，p と p' は指数 λ と $\lambda+1$ の f の臨界点で，$f(p)<1/2<f(p')$ とする．$V=f^{-1}(1/2)$ の中の左側球面 S'_L には向きが与えられていて，右側球面 S_R の V における法束にも向きが与えられているものとする．

定理 6.4（**第2解消定理**(second cancellation theorem)）　W, V_0, V_1 は単連結であり，$\lambda \geq 2$, $\lambda+1 \leq n-3$ であるとする．このとき，$S_R \cdot S'_L = \pm 1$ ならば，W^n は $V_0 \times [0,1]$ と微分同相である．実際には，$S_R \cdot S'_L = \pm 1$ ならば，ξ を V の近くで変更して，V における右側球面と左側球面が一点で横断的に交わるようにでき，これに定理5.4の結論が適用できる．

注1　$V=f^{-1}(1/2)$ もまた単連結であることに注意する．実際，ファン・カンペンの定理(クローウェル-フォックス[17, p. 63])を2回適用すると，$\pi_1(V) \cong \pi_1(D_R^{n-\lambda}(p) \cup V \cup D_L^{\lambda+1}(q))$ となる．(**これは $\boldsymbol{\lambda \geq 2}$, $\boldsymbol{n-\lambda \geq 3}$ を使っている**．) しかし，定理3.4によって，包含写像 $D_R(p) \cup V \cup D_L(q) \subset W$ はホモトピー同値である．この二つの主張を組み合わせると，$\pi_1(V)=1$ がわかる．

注2　$\lambda=0$ または $\lambda=n-1$ ならば，定理6.4の結論はあきらかに成り立つことに注意せよ．また，後述の定理6.6を用いると，**定理 6.4 は次元を $\boldsymbol{n \geq 6}$ と仮定するだけで成り立つ**ことも確かめられる！ ($\lambda=1$ と $\lambda=n-2$ の場合は確かめない．)

三つ組を逆にすると，次のような役にたつ拡張が得られる．

系 6.5　定理6.4は，次元に対する条件が $\lambda \geq 3$, $\lambda+1 \leq n-2$ である場合にも成り立つ．

系 6.5 の証明　S_R と，V における S'_L の法束 $\nu S'_L$ に向きを与える．さて，W は，単連結であり，したがって向きづけ可能である．すると，V は向きづけ可能であり，63 ページの注 2 から

$$S'_L \cdot S_R = \pm S_R \cdot S'_L = \pm 1$$

がわかる．ここで，三つ組 $(W^n; V_1, V_0)$ とモース関数 $-f$ と勾配状ベクトル場 $-\xi$ に定理 6.4 を適用すると，すぐに系 6.5 が得られる．□

定理 6.4 の証明は，ホイットニー[7]が本質的に示した次の精巧な定理にもとづいている．

定理 6.6　M と M' を，(境界のない)滑らかな $(r+s)$ 次元多様体 V において横断的に交わる滑らかな r 次元および s 次元閉部分多様体とする．M と，V における M' の法束に向きが与えられていると仮定する．さらに，$r+s \geq 5$, $s \geq 3$ と仮定し，$r=1$ または $r=2$ の場合には包含写像から誘導される写像 $\pi_1(V \setminus M') \to \pi_1(V)$ は単射であると仮定する．

$p, q \in M \cap M'$ とする．M と M' の交叉数は，p と q で符号が逆であるとする．さらに，M に滑らかに埋め込まれた p から q への弧と M' に滑らかに埋め込まれた q から p への弧(ただし，これらの弧は $M \cap M' \setminus \{p, q\}$ を通らない)が存在して，それらをつないだループ L が V で可縮であるようなものとする．

これらの仮定の下で，次の 2 条件を満たす恒等写像 $i\colon V \to V$ のアイソトピー h_t $(0 \leq t \leq 1)$ が存在する．

(i)　h_t は，$M \cap M' \setminus \{p, q\}$ の近くで i と一致する．

(ii)　$h_1(M) \cap M' = M \cap M' \setminus \{p, q\}$.

注　M と M' が連結で，$r \geq 2$ であり，V が単連結ならば，ループ L についての仮定は何もいらない．$S = M \cap M' \setminus \{p, q\}$ として，$M \setminus S$ と $M' \setminus S$ 上に完備リーマン計量を与えて，ホップ-リノーの定理(ミルナー[4, p. 62]を参照のこと)を適用すれば，M の中に滑らかに埋め込まれた p から q への弧と，M' の中に滑らかに埋め込まれた q から p への弧で，S を通らないループ L を与えるようなものを見つけることができる．V が単連結ならば，このループ L は確かに可縮である．

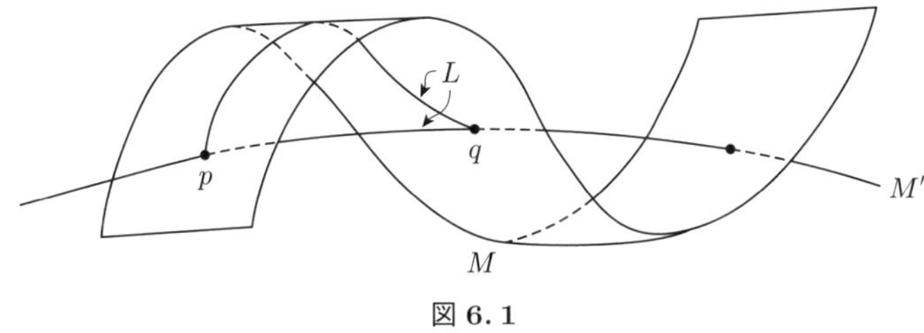

図 6.1

定理 6.4 の証明　まずは定理 5.2 によって，S_R と S'_L が横断的に交わるように，ξ を V の近くで補正しておく．$S_R \cap S'_L$ が一点でなければ，$S_R \cdot S'_L = \pm 1$ によって，$S_R \cap S'_L$ の中に符号が逆の交叉数をもつ点の組 p_1, q_1 が存在することがわかる．この状況に定理 6.6 を適用できることが示せれば，V の近くで ξ を補正したのち，補題 4.7 を使うと，S_R と S'_L の交わる点は 2 個少なくなる．この操作を有限回繰り返すと，S_R と S'_L は一点で横断的に交わることになり，証明は完成する．

V は単連結(65 ページの注 1)なので，$\lambda \geq 3$ の場合，あきらかに定理 6.6 の条件はすべて満たされる．$\lambda = 2$ ならば，$\pi_1(V \setminus S_R) \to \pi_1(V) = 1$ が 1 対 1 であること，すなわち，$\pi_1(V \setminus S_R) = 1$ であることを示さなければならない．さて，ξ の軌道は，$V_0 \setminus S_L$ から $V \setminus S_R$ の上への微分同相写像を定める．ただし，S_L は V_0 における p の左側 1 次元球面を表す．N を，V_0 における S_L の積近傍とする．$n - \lambda - 1 = n - 3 \geq 3$ なので，$\pi_1(N \setminus S_L) \cong \mathbb{Z}$ であり，

$$
\begin{array}{ccc}
 & V_0 & \\
\cup & & \cup \\
V_0 \setminus S_L & & N \\
\cup & & \cup \\
 & (V_0 \setminus S_L) \cap N & \\
 & = N \setminus S_L &
\end{array}
$$

に対応する基本群の図式は

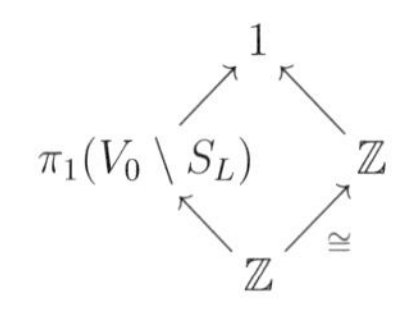

となる．ファン・カンペンの定理によって，$\pi_1(V_0 \setminus S_L)=1$ である．これで，定理6.6の証明を除いて，定理6.4が証明された．□

定理6.6の証明　p と q における交叉数がそれぞれ $+1, -1$ であると仮定する．C と C' を，それぞれ M と M' に滑らかに埋め込まれた p から q への弧を両端で少しだけ延長したものとする．図6.2のように，C_0 と C_0' を点 a と b で横断的に交わり，(二つの角のある)円板 D を取り囲む平面上の開弧とする．埋め込み $\varphi_1\colon C_0 \cup C_0' \to M \cup M'$ を，$\varphi_1(C_0)$ と $\varphi_1(C_0')$ がそれぞれ弧 C と C' になり，a と b がそれぞれ p と q に対応するように選ぶ．このとき，定理6.6は，図6.2の標準モデルを埋め込む次の補題6.7からただちに従う．

補題6.7　D のある近傍 U に対し，$\varphi_1|_{U\cap(C_0\cup C_0')}$ を，埋め込み $\varphi\colon U\times\mathbb{R}^{r-1}\times\mathbb{R}^{s-1}\to V$ であって，$\varphi^{-1}(M)=(U\cap C_0)\times\mathbb{R}^{r-1}\times\{O\}$ かつ $\varphi^{-1}(M')=(U\cap C_0')\times\{O\}\times\mathbb{R}^{s-1}$ となるものに拡張することができる．

しばらくの間，補題6.7を仮定して，F_0 が恒等写像，$F_1(M)\cap M'=M\cap M'\setminus\{p,q\}$ であり，$0\le t\le 1$ で F_t が φ の像の外側で恒等写像であるようなアイソトピー $F_t\colon V\to V$ を構成しよう．

W によって $\varphi(U\times\mathbb{R}^{r-1}\times\mathbb{R}^{s-1})$ を表し，F_t を $V\setminus W$ 上では恒等写像と定義する．W 上では F_t を次のように定義する．

平面上の標準モデル(図6.2)のアイソトピー $G_t\colon U\to U$ を，次の3条件を満たすように選ぶ．(図6.3を参照のこと．)

(1)　G_0 は恒等写像である．

(2)　G_t $(0\le t\le 1)$ は U の境界 $\overline{U}\setminus U$ の近傍で恒等写像である．

(3)　$G_1(U\cap C_0)\cap C_0'=\varnothing$.

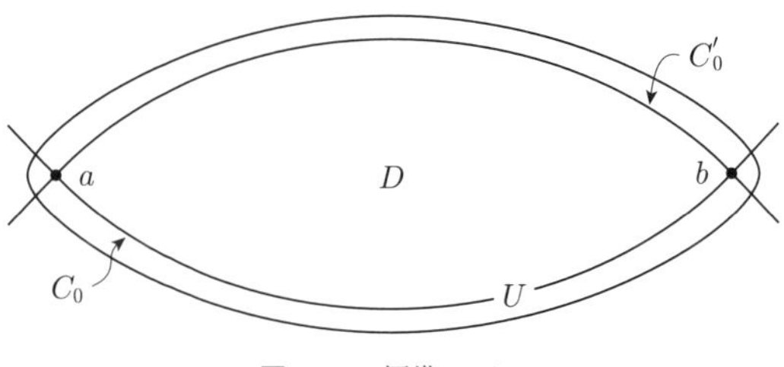

図 **6.2**　標準モデル

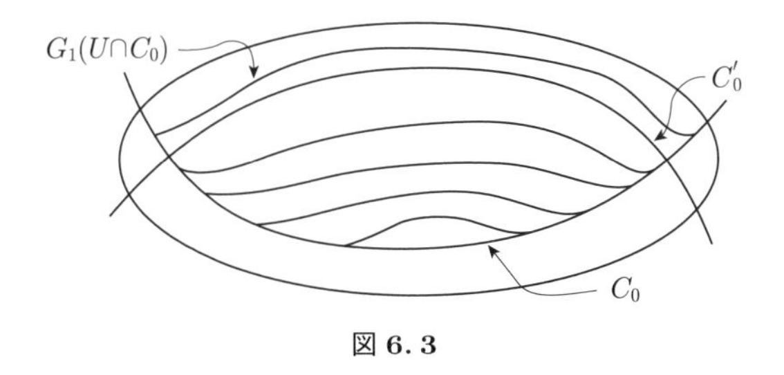

図 **6.3**

$\rho\colon \mathbb{R}^{r-1} \times \mathbb{R}^{s-1} \to [0,1]$ を，$x \in \mathbb{R}^{r-1}$, $y \in \mathbb{R}^{s-1}$ に対して

$$\rho(x,y) = \begin{cases} 1 & (|x|^2 + |y|^2 \leq 1) \\ 0 & (|x|^2 + |y|^2 \geq 2) \end{cases}$$

となるような滑らかな関数とする．

アイソトピー $H_t\colon U \times \mathbb{R}^{r-1} \times \mathbb{R}^{s-1} \to U \times \mathbb{R}^{r-1} \times \mathbb{R}^{s-1}$ を

$$H_t(u,x,y) = (G_{t\rho(x,y)}(u), x, y) \quad (u \in U)$$

と定義する．$F_t(w) = \varphi \circ H_t \circ \varphi^{-1}(w)$ $(w \in W)$ は W 上で求めるアイソトピーを定義することが簡単にわかる．これで，補題 6.7 の証明を除いて，定理 6.6 が証明された．　□

補題 6.8　次の 2 条件を満たす V 上のリーマン計量が存在する．

(1)　レビ-チビタ接続(ミルナー[4, p.44]を参照のこと)において，M と M' は V の全測地的な部分多様体である．(すなわち，V における測

地線がある点で M または M' に接しているならば，その測地線は全体が M または M' の中にある．）

(2) p と q の周りそれぞれの座標近傍 N_p と N_q が存在して，N_p と N_q の上では計量はユークリッド計量となり，$N_p \cap C$，$N_p \cap C'$，$N_q \cap C$，$N_q \cap C'$ はすべて直線分となる．

証明（E. フェルドマンによる）　M は M' と横断的に交わることがわかっている．その交点を $p_1, \ldots, p_k$ とする．ただし，$p=p_1$，$q=p_2$ である．次の3条件を満たすような V の座標近傍 $W_1, \ldots, W_m$ と座標微分同相写像 $h_i \colon W_i \to \mathbb{R}^{r+s}$ $(i=1, \ldots, m)$ で，$M \cup M'$ を被覆しよう．

(a) 互いに交わらない座標近傍 $N_1, \ldots, N_k$ が存在して，$i=1, \ldots, k$ と $j=k+1, \ldots, m$ に対して $p_i \in N_i \subset \overline{N_i} \subset W_i$, $N_i \cap W_j = \varnothing$ となる．

(b) $h_i(W_i \cap M) \subset \mathbb{R}^r \times 0$,　$h_i(W_i \cap M') \subset 0 \times \mathbb{R}^s$ $(i=1, \ldots, k)$．

(c) $h_i(W_i \cap C)$ と $h_i(W_i \cap C')$ $(i=1,2)$ は，$\mathbb{R}^{r+s}$ における直線分である．

開集合 $W_0 = W_1 \cup \cdots \cup W_m$ 上のリーマン計量 $\langle \vec{v}, \vec{w} \rangle$ を，h_i $(i=1, \ldots, m)$ によって誘導される W_i 上の計量を1の分割を用いて貼り合わせることで構成する．条件(a)により，この計量は，N_i $(i=1, \ldots, k)$ においてユークリッド計量であることに注意せよ．

この計量を用い，指数写像を使って W_0 における M と M' それぞれの開管状近傍 T と T' を構成する．（ラング[3, p. 73]を参照のこと．）これらの開管状近傍を十分薄く選ぶことによって，$T \cap T' \subset N_1 \cup \cdots \cup N_k$ であり，$i=1, \ldots, k$ に対して，i に依存した $\varepsilon, \varepsilon' > 0$ により

$$h_i(T \cap T' \cap N_i) = \mathrm{OD}^r_\varepsilon \times \mathrm{OD}^s_{\varepsilon'} \subset \mathbb{R}^r \times \mathbb{R}^s = \mathbb{R}^{r+s}$$

と仮定してよい．この状況を模式的に表すと，図6.4のようになる．

$A \colon T \to T$ を，各ファイバー上で対蹠写像であるような滑らかな対合（$A^2 = A \circ A =$ 恒等写像）とする．T 上の新たなリーマン計量 $\langle \vec{v}, \vec{w} \rangle_A$ を，$\langle \vec{v}, \vec{w} \rangle_A = \dfrac{1}{2}(\langle \vec{v}, \vec{w} \rangle + \langle A_* \vec{v}, A_* \vec{w} \rangle)$ によって定義する．

主張　この新たな計量に関して，M は T の全測地的な部分多様体であ

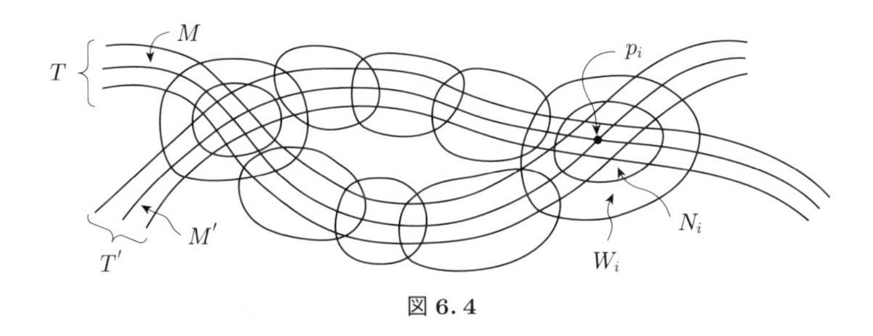

図 6.4

る．このことを見るために，ω をある点 $z \in M$ において M に接する T の測地線とする．この新たな計量において，A は T の等長変換であり，したがって測地線を測地線に写すことが簡単にわかる．M は A の不動点の集合なので，$A(\omega)$ と ω は $A(Z)=Z$ において同じ接ベクトルをもつ測地線であることがわかる．測地線の一意性によって，A は ω 上で恒等写像である．それゆえ，$\omega \subset M$ であり，この主張は証明された．

同じようにして，T' 上に新たな計量 $\langle \vec{v}, \vec{w} \rangle_{A'}$ を定義する．性質(b)と $T \cap T'$ のとり方から，これら二つの新たな計量は $T \cap T'$ 上でもとの計量と一致し，したがって，これらを合わせると $T \cup T'$ 上の計量を定義することがわかる．V 全体に拡張するために，開集合 O で，$M \cup M' \subset O \subset \overline{O} \subset T \cup T'$ となるようなものにこの計量を制限すると，条件(1)と(2)を満たす V 上の計量が構成できる． □

補題 6.7 の証明　（第 6 章の残りはこの証明にあてられる．）補題 6.8 によって与えられる V 上のリーマン計量を一つ選ぶ．$\tau(p)$, $\tau(q)$, $\tau'(p)$, $\tau'(q)$ を，点 p と q それぞれにおいて（p から q へと向きが与えられた）弧 C, C' それぞれに接する単位接ベクトルとする．C は可縮なので，M と直交するベクトルからなる C 上の束は自明である．このことを使って，C に沿ったベクトル場で，M に直交する単位ベクトルであり $N_p \cap C$ と $N_q \cap C$ それぞれに沿って $\tau'(p)$ と $-\tau'(q)$ を平行移動したものと等しいようなものを構成する．

対応するベクトル場を平面モデル（図 6.2）の中に構成する．（図 6.5 を参

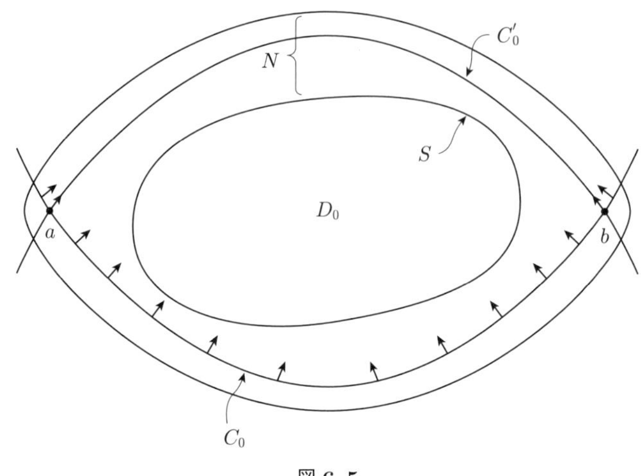

図 6.5

照のこと.)

指数写像を使うと，平面における C_0 の近傍と，$\varphi_1|_{C_0}$ をこの近傍から V への埋め込みに拡張したものが存在することがわかる．すなわち，指数写像により局所的に埋め込んでから，次の補題 6.9 を使う．この補題の初等的な証明は，マンカーズ[5, p. 49, Lemma 5.7 (ただし，Lemma 5.7 の主張そのものは正しくない)]にある．

補題 6.9　A_0 をコンパクト距離空間 A の閉部分集合とする．$f\colon A\to B$ を，$f|_{A_0}$ が 1 対 1 であるような局所同相写像とする．このとき，A_0 の近傍 W が存在して，$f|_W$ も 1 対 1 になる．

同様に，$N_p\cap C'$ と $N_q\cap C'$ それぞれに沿った $\tau(p)$ と $-\tau(q)$ の平行移動からなる，C' に沿って M' と直交する単位ベクトルの場を用いて，$\varphi_1|_{C_0'}$ を C_0' の近傍の埋め込みに拡張する．$r=1$ ならば，p と q における交叉数の符号が逆であるということだけで，これは可能である．

V 上の計量の性質(2)(補題 6.8 を参照のこと)を使うと，この二つの埋め込みは $C_0\cup C_0'$ の近傍で一致し，したがって，∂D の閉アニュラス近傍 N の埋め込み

$$\varphi_2\colon N \to V$$

で，$\varphi_2^{-1}(M) = N \cap C_0$ かつ $\varphi_2^{-1}(M') = N \cap C_0'$ であるようなものを定義できることがわかる．S によって N の内側の境界を表し，$D_0 \subset D$ を平面内で S によって囲まれる円板とする．（図 6.5 を参照のこと．）

ループ L はループ $\varphi_2(S)$ とホモトピックなので，後者は V で可縮である．実際には，$\varphi_2(S)$ は，次の補題 6.10 で示すように $V \setminus (M \cup M')$ で可縮である．

補題 6.10　$n \geq 5$ に対して，V_1 を滑らかな n 次元多様体，M_1 を余次元 3 以上の滑らかな部分多様体とするとき，$V_1 \setminus M_1$ のループは，V_1 で可縮ならば，$V_1 \setminus M_1$ でも可縮である．

補題 6.10 を証明する前に，ホイットニーの二つの定理を思い出そう．

補題 6.11（ミルナー[15, p.62 および p.63]）M_1 と M_2 を滑らかな多様体とし，連続写像 $f\colon M_1 \to M_2$ は，M_1 の閉部分集合 A 上で滑らかであるとする．このとき，滑らかな写像 $g\colon M_1 \to M_2$ が存在して，$g \simeq f$（g は f とホモトピック）かつ $g|_A = f|_A$ となる．

補題 6.12（ホイットニー[16]およびミルナー[15, p.63]）M_1 と M_2 を滑らかな多様体とし，滑らかな写像 $f\colon M_1 \to M_2$ は，M_1 の閉部分集合 A 上で埋め込みであるようなものとする．$\dim M_2 \geq 2\dim M_1 + 1$ ならば，f を近似する埋め込み $g\colon M_1 \to M_2$ が存在して，$g \simeq f$ かつ $g|_A = f|_A$ となる．

補題 6.10 の証明　$g\colon (D^2, S^1) \to (V_1, V_1 \setminus M_1)$ を $V_1 \setminus M_1$ の中にあるループの V_1 の中での縮小写像を与えるものとする．$\dim(V_1 \setminus M_1) \geq 5$ なので，補題 6.12 によって，滑らかな埋め込み

$$h\colon (D^2, S^1) \to (V_1, V_1 \setminus M_1)$$

で $V_1 \setminus M_1$ の中で $g|_{S^1}$ が $h|_{S^1}$ とホモトピックであるようなものが得られる．

$h(D^2)$ は可縮なので，$h(D^2)$ の法束は自明である．したがって，$D^2\times\mathbb{R}^{n-2}$ の V_1 への埋め込み H が存在して，$u\in D^2$ に対して $H(u,O)=h(u)$ となる．$\varepsilon>0$ を十分小さくとって，任意の $\vec{x}\in\mathbb{R}^{n-2}$ に対して，$|\vec{x}|<\varepsilon$ ならば $H(S^1\times\vec{x})\subset V_1\setminus M_1$ となるようにする．M_1 の余次元は3以上なので，$H(D^2\times\vec{x}_0)\cap M_1=\varnothing$ であるような $\vec{x}_0\in\mathbb{R}^{n-2}$，$|\vec{x}_0|<\varepsilon$ が存在する．（補題4.6を見よ.）よって，$V_1\setminus M_1$ において $g|_{S^1}\simeq h|_{S^1}=H|_{S^1\times 0}\simeq H|_{S^1\times\vec{x}_0}\simeq$ 定値写像となる．これで，補題6.10は証明された．　□

これで，$\varphi(S)$ が $V\setminus(M\cup M')$ で可縮であることを示せる．なぜなら，$\varphi(S)$ は，$r\geq 3$ ならば補題6.10によって $V\setminus M'$ で可縮であり，$r=2$ ならば $\pi_1(V\setminus M')\to\pi_1(V)$ が1対1であるという仮定によって可縮である．このとき，$s\geq 3$ なので，補題6.10によって，$\varphi(S)$ は $(V\setminus M')\setminus M=V\setminus(M\cup M')$ でも可縮である．

さて，φ_2 の $U=N\cup D_0$ への連続な拡張

$$\varphi_2'\colon U\to V$$

で $\mathrm{Int}\,D$ を $V\setminus(M\cup M')$ に写すようなものをとる．補題6.11と補題6.12を $\varphi_2'|_{\mathrm{Int}\,D}$ に用いれば，$U\setminus\mathrm{Int}\,D$ の近傍で φ_2 と一致する滑らかな埋め込み $\varphi_3\colon U\to V$ で，$u\notin C_0\cup C_0'$ に対して $\varphi_3(u)\notin M\cup M'$ となるようなものが得られる．

あとは，φ_3 を $U\times\mathbb{R}^{r-1}\times\mathbb{R}^{s-1}$ に拡張するだけである．

$\varphi_3(U)$ を U' と書き，記号を簡単にするために $U'\cap C$，$U'\cap C'$，$U\cap C_0$，$U\cap C_0'$ の代わりにそれぞれ C, C', C_0, C_0' と書くことにする．

補題 6.13　U' に沿った滑らかなベクトル場 $\xi_1,\ldots,\xi_{r-1},\eta_1,\ldots,\eta_{s-1}$ が存在して，次の条件を満たす．

(1)　$\xi_1,\ldots,\xi_{r-1},\eta_1,\ldots,\eta_{s-1}$ は，正規直交ベクトル場であり，U' とも直交する．

(2)　$\xi_1,\ldots,\xi_{r-1}$ は，C に沿って M に接する．

(3)　$\eta_1,\ldots,\eta_{s-1}$ は，C' に沿って M' に接する．

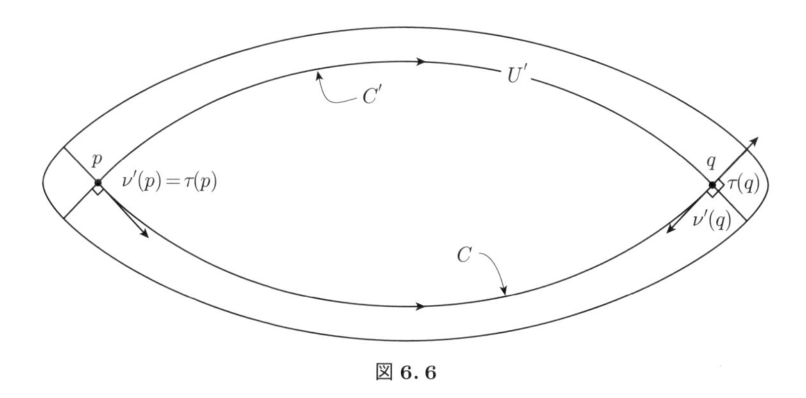

図 **6.6**

証明　証明のアイディアは，$\xi_1, \ldots, \xi_{r-1}$ を段階的に構成するというものである．まず C に沿って平行移動させ，それからベクトル束の議論によって $C \cup C'$ に拡張し，それから別のベクトル束の議論によって U' に拡張する．詳細は次のとおり．

τ と τ' を，それぞれ C と C' に沿った正規化された速度ベクトルとする．ν' を，C' に沿った単位ベクトル場で，U' に接して，C' と内向きに直交するようなものとする．このとき，$\nu'(p)=\tau(p)$ かつ $\nu'(q)=-\tau(q)$ である．(図 6.6 を参照のこと．)

p において M に接し U' と直交する $r-1$ 個のベクトル $\xi_1(p), \ldots, \xi_{r-1}(p)$ で，r 枠 $\tau(p), \xi_1(p), \ldots, \xi_{r-1}(p)$ が TM_p で正の向きになるようなものを選ぶ．この $r-1$ 個のベクトルを C に沿って平行移動させると，C に沿った $r-1$ 個の滑らかなベクトル場 $\xi_1, \ldots, \xi_{r-1}$ が得られる．これらのベクトル場は，平行移動が内積を保つ(ミルナー[4, p. 48]を参照のこと)ので，条件(1)を満たす．これらのベクトル場は，全測地的な部分多様体 M の中の曲線に沿った平行移動は M の接ベクトルを M の接ベクトルに写すので，条件(2)も満たす．(ヘルガソン, *Differential Geometry and Symmetric Spaces*, p. 80 を参照のこと．) ただし，実際には，補題 6.8 のリーマン計量の構成を考えれば，条件(2)は，M の管状近傍上の「対合的等長変換」A の存在から容易にわかる．(70 ページの議論と比較せよ．) 最後に，連続性によって，r 枠 $\tau, \xi_1, \ldots, \xi_{r-1}$ は，C のすべての点において TM (M の接束)

の正の向きを与える．

さて，$N_p \cap C'$ に沿って $\xi_1(p), \ldots, \xi_{r-1}(p)$ を平行移動させ，$N_q \cap C'$ に沿って $\xi_1(q), \ldots, \xi_{r-1}(q)$ を平行移動させる．仮定により，p と q における M と M' の交叉数は，それぞれ $+1$ と -1 である．すなわち，$\tau(p), \xi_1(p), \ldots, \xi_{r-1}(p)$ は p において $\nu(M')$ の正の向きを与え，$\tau(q), \xi_1(q), \ldots, \xi_{r-1}(q)$ は q において $\nu(M')$ の負の向きを与える．$\nu'(p) = \tau(p)$ かつ $\nu'(q) = -\tau(q)$ なので，$N_p \cap C'$ および $N_q \cap C'$ のすべての点において，枠 $\nu', \xi_1, \ldots, \xi_{r-1}$ は $\nu(M')$ の正の向きをもつと結論できる．

M' および U' に直交し，$\nu', \zeta_1, \ldots, \zeta_{r-1}$ が $\nu(M')$ の正の向きをもつような $(r-1)$ 枠 $\zeta_1, \ldots, \zeta_{r-1}$ からなる C' 上の束は，$SO(r-1)$ をファイバーとする自明束であり，連結である．したがって，$\xi_1, \ldots, \xi_{r-1}$ を $C \cup C'$ 上の $(r-1)$ 枠の滑らかな場に拡張でき，それは条件(1)および(2)を満たす．

U' に直交する正規直交 $(r-1)$ 枠からなる U' 上の束は，$O(r+s-2)/O(s-1) = V_{r-1}(\mathbb{R}^{r+s-2})$ をファイバーとする自明束である．ただし，$V_{r-1}(\mathbb{R}^{r+s-2})$ は，$\mathbb{R}^{r+s-2}$ における正規直交 $(r-1)$ 枠のなすシュティーフェル多様体である．ここまでで，$C \cup C'$ 上のこの束の滑らかな切断 $\xi_1, \ldots, \xi_{r-1}$ が構成できた．$\xi_1, \ldots, \xi_{r-1}$ をファイバーへの射影と合成すると，$C \cup C'$ から $O(r+s-2)/O(s-1)$ の中への滑らかな写像が得られる．$s \geq 3$ なので，$O(r+s-2)/O(s-1)$ は単連結である．（スティーンロッド[18, p. 103]を参照のこと．）したがって，U' への連続な拡張が存在し，補題6.11によって滑らかな拡張が存在する．このようにして，U' 全体の上で，条件(1)と(2)を満たすように $\xi_1, \ldots, \xi_{r-1}$ を定義することができた．

残りのベクトル場を定義するために，各 η_i が U' と $\xi_1, \ldots, \xi_{r-1}$ に直交するような TV の正規直交枠 $\eta_1, \ldots, \eta_{s-1}$ からなる U' 上の束は，U' が可縮なので，自明束であることに注意する．求める U' 上のベクトル場の枠 $\eta_1, \ldots, \eta_{s-1}$ を，この自明束の滑らかな切断とする．すると，$\xi_1, \ldots, \xi_{r-1}, \eta_1, \ldots, \eta_{s-1}$ は条件(1)を満たす．さらに，$\xi_1, \ldots, \xi_{r-1}$ は C' に沿って M' と直交するので，$\eta_1, \ldots, \eta_{s-1}$ が条件(3)を満たすことがわかる．これで，補題6.13は証明された．　□

補題 6.7 の証明の完成　写像 $U \times \mathbb{R}^{r-1} \times \mathbb{R}^{s-1} \to V$ を

$$(u, x_1, \ldots, x_{r-1}, y_1, \ldots, y_{s-1}) \mapsto \exp\left[\sum_{i=1}^{r-1} x_i \xi_i(\varphi_3(u)) + \sum_{j=1}^{s-1} y_j \eta_j(\varphi_3(u))\right]$$

によって定義する．補題 6.9 とこの写像が局所微分同相写像であるということから，$\mathbb{R}^{r+s-2} = \mathbb{R}^{r-1} \times \mathbb{R}^{s-1}$ の原点の周りの ε 開近傍 N_ε が存在して，この写像を $U \times N_\varepsilon$ に制限したものを $\varphi_4 \colon U \times N_\varepsilon \to V$ と書くと，φ_4 が埋め込みになる．(U はもう少し小さい近傍で置き換えなければならないかもしれないが，それも U と書くことにする．)

埋め込み $\varphi \colon U \times \mathbb{R}^{r-1} \times \mathbb{R}^{s-1} \to V$ を $\varphi(u, z) = \varphi_4\big(u, \dfrac{\varepsilon z}{\sqrt{1 + |z|^2}}\big)$ によって定義する．このとき，M と M' は V の全測地的な部分多様体なので，$\varphi(C_0 \times \mathbb{R}^{r-1} \times 0) \subset M$ かつ $\varphi(C_0' \times 0 \times \mathbb{R}^{s-1}) \subset M'$ である．さらに，$\varphi(U \times 0) = U'$ は M，M' とそれぞれ C，C' の中でだけ横断的に交わるので，十分に小さい $\varepsilon > 0$ に対して，$\mathrm{Im}(\varphi)$ は M，M' とそれぞれ C，C' の上記の積近傍の中でだけ交わる．すなわち，$\varphi^{-1}(M) = C_0 \times \mathbb{R}^{r-1} \times 0$，$\varphi^{-1}(M') = C_0' \times 0 \times \mathbb{R}^{s-1}$ である．したがって，φ が求める埋め込みである．これで，補題 6.7 は証明された． □

第7章 中間次元における臨界点の解消

定義 7.1 W を向きづけられた滑らかなコンパクト n 次元多様体とし，$X=\partial W$ とする．簡単にわかるように，X には，次のようにして W から**誘導された向き**(induced orientation)を矛盾なく与えることができる．すなわち，点 $x\in X$ での X の接ベクトルの $(n-1)$ 枠 $\tau_1,\ldots,\tau_{n-1}$ が正に向きづけられているとは，ν を点 x での W の接ベクトルであって X には接していないものとして，さらに，ν は W の外側を向いている(つまり，ν は**外向き法線**(outward normal)ベクトルである)とするとき，n 枠 $\nu,\tau_1,\ldots,\tau_{n-1}$ が TW_x の正の向きを与えていることをいう．

または，X に対する**誘導された向きの生成元**(induced orientation generator)として $[X]\in H_{n-1}(X)$ を指定してもよい．ただし，$[X]$ は，対 (W,X) に対する完全系列の連結準同型写像 $H_n(W,X)\to H_{n-1}(X)$ による，W に対する向きの生成元 $[W]\in H_n(W,X)$ の像である．

注 簡単にわかるように，(枠の順序による)接束の向きによって指定されたコンパクト多様体 M^n の向きと，$H_n(M;\mathbb{Z})$ の生成元 $[M]$ によって指定された M の向きは，自然に対応する．（ミルナー[19, p. 21]を見よ．）定義 7.1 での ∂W に向きを与える二つの方法が，この自然な対応の下で同値であることを示すのも，それほど難しくない．ここでは，∂W に向きづけするときは，つねに後者の方法を用いるので，両者の対応の証明は省略する．

さて，n 次元の三つ組 $(W;V,V')$, $(W';V',V'')$, $(W\cup W';V,V'')$ が与えられているとする．また，f は $q_1,\ldots,q_\ell\in W$ と $q_1',\ldots,q_m'\in W'$ を臨界点とする $W\cup W'$ 上のモース関数で，$q_1,\ldots,q_\ell$ は指数 λ かつ同じ値をとり，$q_1',\ldots,q_m'$ は指数 $(\lambda+1)$ であり，別の同じ値をとるとする．V' は，$q_1,\ldots,q_\ell$ の値と $q_1',\ldots,q_m'$ の値の中間の非臨界値とする．f に対する勾配状ベク

トル場を一つ選び，W における左側球体 $D_L(q_1),\ldots,D_L(q_\ell)$ と W' における左側球体 $D'_L(q'_1),\ldots,D'_L(q'_m)$ に向きを与える．

そして，点 q_i において $D_L(q_i)$ と $D_R(q_i)$ の交叉数が $+1$ になるという条件によって，W における右側球体の法束 $\nu D_R(q_i)$ の向きを定める．V' における $S_R(q_i)$ の法束 $\nu S_R(q_i)$ は，$\nu D_R(q_i)$ の $S_R(q_i)$ への制限と自然に同型になる．したがって，$\nu D_R(q_i)$ の向きは，$\nu S_R(q_i)$ の向きを定める．

定義7.1と上記の考察を組み合わせると，W と W' における左側球体の向きを選べば，V' における左側球面の向きと V' における右側球面の法束の向きも自然に与えることができる．したがって，V' における左側球面と右側球面の交叉数 $S_R(q_i)\cdot S'_L(q'_j)$ は矛盾なく定義される．

第3章から，$H_\lambda(W,V)$ と $H_{\lambda+1}(W\cup W',W)\cong H_{\lambda+1}(W',V')$ は自由アーベル群で，その生成元 $[D_L(q_1)],\ldots,[D_L(q_\ell)]$ と $[D'_L(q'_1)],\ldots,[D'_L(q'_m)]$ は向きづけられた左側球体で表される．

補題7.2　M を V' に埋め込まれた向きづけられた滑らかな λ 次元の閉多様体で，$[M]\in H_\lambda(M)$ をその向きの生成元とし，$h\colon H_\lambda(M)\to H_\lambda(W,V)$ を包含写像によって誘導される写像とする．このとき，$h([M])=(S_R(q_1)\cdot M)[D_L(q_1)]+\cdots+(S_R(q_\ell)\cdot M)[D_L(q_\ell)]$ が成り立つ．ただし，$S_R(q_i)\cdot M$ は，V' における $S_R(q_i)$ と M の交叉数を表す．

系7.3　向きづけられた左側球体を代表元とする基底において，三対 $W\cup W'\supset W\supset V$ に対する連結準同型写像 $\partial\colon H_{\lambda+1}(W\cup W',W)\to H_\lambda(W,V)$ は，（左側球体に割り当てられた向きによって自然に定まる）V' における交叉数 $a_{ij}=S_R(q_i)\cdot S'_L(q'_j)$ からなる行列 (a_{ij}) によって与えられる．

系7.3の証明　基底の要素 $[D'_L(q'_j)]\in H_{\lambda+1}(W\cup W',W)$ を考える．写像 ∂ は，次のような合成に分解できる．

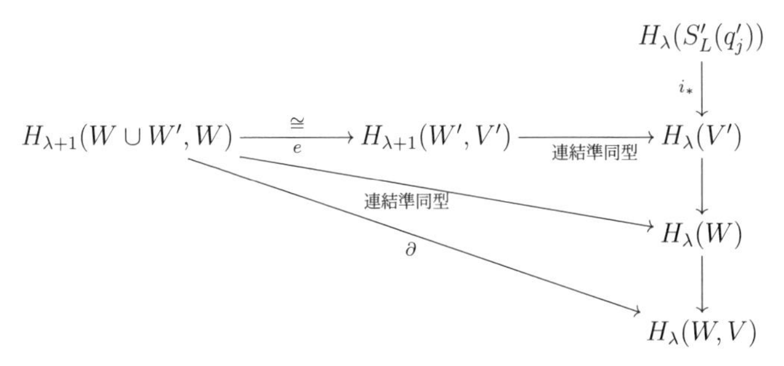

ただし，e は切除同型写像の逆写像であり，i_* は包含写像によって誘導される写像である．

$S'_L(q'_j)$ の向きの定義によって，

$$\text{連結準同型} \circ e([D'_L(q'_j)]) = i_*([S'_L(q'_j)])$$

がわかる．補題 7.2 において $M = S'_L(q'_j)$ とすることによって結論を得る．

□

補題 7.2 の証明　$\ell = 1$ とする．一般の場合も，同じようにして証明できる．$q = q_1$，$D_L = D_L(q_1)$，$D_R = D_R(q_1)$，$S_R = S_R(q_1)$ とする．$h([M]) = (S_R \cdot M)[D_L]$ を示さなければならない．

次の図式を考える．

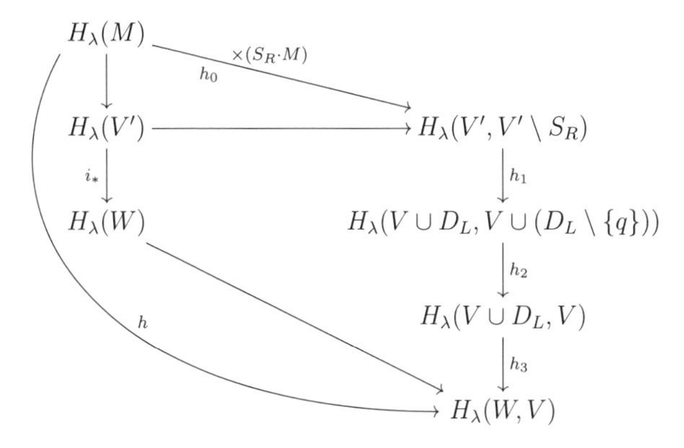

定理 3.14 で構成した変位レトラクション $r\colon W \to V \cup D_L$ は $V' \setminus S_R$ を

$V\cup(D_L\setminus\{q\})$ に写すので，$r|_{V'}$ によって誘導される準同型写像 h_1 は矛盾なく定義される．$V\cup(D_L\setminus\{q\})$ から V への自明な変位レトラクションは，同型写像 h_2 を誘導する．そのほかの準同型写像は，すべて包含写像によって誘導される．

この図式は可換である．なぜなら，（写像 $i, r|_{V'}\colon V'\to W$ はホモトピックなので）$i_* = (r|_{V'})_*$ であり，i の代わりに $r|_{V'}$ を用いると，対応する位相空間と連続写像の図式は点ごとに可換になるからである．

補題 6.3 から，$h_0([M]) = (S_R\cdot M)\psi(\alpha)$ である．ただし，$\alpha\in H_0(S_R)$ は標準的生成元であり，$\psi\colon H_0(S_R)\to H_\lambda(V', V'\setminus S_R)$ はトム同型である．したがって，$h([M]) = (S_R\cdot M)[D_L]$ を証明するためには，この図式の可換性によって

$$(*)\qquad h_3\circ h_2\circ h_1(\psi(\alpha)) = [D_L]$$

を示せば十分である．

ホモロジー類 $\psi(\alpha)$ は，向きがつけられた任意の球体 D^λ で，S_R と一点 x で横断的に交わり，その点での交叉数が $S_R\cdot D^\lambda = +1$ であるようなもので代表される．定理 3.13 で与えられる基本同境の標準形の下で，これまでと同じように $D(S_R)$ に向きをつけると，レトラクション r による D^λ の像 $r(D^\lambda)$ は，

$$D_R\cdot D^\lambda = S_R\cdot D^\lambda = +1$$

を，$H_\lambda(V\cup D_L, V\cup(D_L\setminus\{q\}))$ に対する向きの生成元 $h_2^{-1}\circ h_3^{-1}([D_L])$ に掛けたものを表す．このことから，

$$h_1\psi(\alpha) = h_2^{-1}\circ h_3^{-1}([D_L]),$$

すなわち，

$$h_3\circ h_2\circ h_1(\psi(\alpha)) = [D_L]$$

がわかる．これで，補題 7.2 が証明された．　□

三つ組 $(W;V,V')$ を代表元とする同境の同値類 c が与えられたとき，定理4.8によれば，$c=c_0c_1\cdots c_n$ と分解して，c_λ は臨界点がすべて同じ値にあり指数 λ のモース関数を許容するようにできる．$c_0c_1\cdots c_\lambda$ $(\lambda=0,1,\ldots,n)$ は多様体 $W_\lambda\subset W$ を代表元とするものとし，$W_{-1}=V$ とすると，

$$V=W_{-1}\subset W_0\subset W_1\subset\cdots\subset W_n=W$$

となる．$C_\lambda=H_\lambda(W_\lambda,W_{\lambda-1})\cong H_*(W_\lambda,W_{\lambda-1})$ と定義し，$\partial\colon C_\lambda\to C_{\lambda-1}$ を三対 $W_{\lambda-2}\subset W_{\lambda-1}\subset W_\lambda$ の完全系列における連結準同型写像とする．

定理 7.4　$C_*=\{C_\lambda,\partial\}$ は鎖複体(すなわち，$\partial^2=0$)であり，すべての λ に対して $H_\lambda(C_*)\cong H_\lambda(W,V)$ である．

証明　(この証明では，C_λ が自由アーベル群であることは用いず，$H_*(W_\lambda,W_{\lambda-1})$ が次数 λ に集中していることだけを用いる．)

$\partial^2=0$ は定義よりあきらかである．同型 $H_\lambda(C_*)\cong H_\lambda(W,V)$ を証明するために，次の図式を考える．

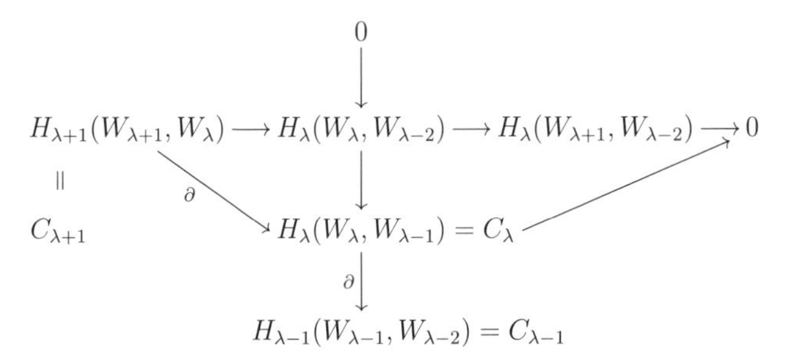

水平部分は三対 $(W_{\lambda+1},W_\lambda,W_{\lambda-2})$ の完全系列であり，垂直部分は $(W_\lambda,W_{\lambda-1},W_{\lambda-2})$ の完全系列である．この図式が可換であることは簡単に確かめられる．すると，あきらかに $H_\lambda(C_*)\cong H_\lambda(W_{\lambda+1},W_{\lambda-2})$ が成り立つ．しかし，$H_\lambda(W_{\lambda+1},W_{\lambda-2})\cong H_\lambda(W,V)$ である．この最後の同型写像を確かめることは読者に委ねる．(ミルナー[19, p.9]を参照のこと．) これで求める同型写像 $H_\lambda(C_*)\cong H_\lambda(W,V)$ が得られた．□

定理 7.5（ポアンカレ双対性（Poincaré duality））　$(W; V, V')$ を滑らかな n 次元多様体の三つ組として，W に向きがついているとする．このとき，すべての λ に対して，$H_\lambda(W, V)$ は $H^{n-\lambda}(W, V')$ と同型である．

証明　$c = c_0 c_1 \cdots c_n$ とし，$C_* = \{C_\lambda, \partial\}$ はモース関数 f に対して上のように定義されたものとする．f に対する勾配状ベクトル場 ξ を固定する．向きを固定するとき，c_λ の左側球体は，$C_\lambda = H_\lambda(W_\lambda, W_{\lambda-1})$ の基底になる．系 7.3 から，この基底の下で，連結準同型写像 $\partial\colon C_\lambda \to C_{\lambda-1}$ は，c_λ の向きづけられた左側球面と $c_{\lambda-1}$ の向きづけられた法束をもつ右側球面の交叉数のなす行列によって与えられることがわかる．

同様に，$\mu = 0, 1, \ldots, n$ に対して $W'_\mu \subset W$ を $c_{n-\mu} c_{n-\mu+1} \cdots c_n$ の代表元とし，$W'_{-1} = V'$ とする．前と同じように，$C'_\mu = H_\mu(W'_\mu, W'_{\mu-1})$，$\partial'\colon C'_\mu \to C'_{\mu-1}$ と定義する．任意の右側球体 D_R に対して，$\nu(D_R)$ に（向きづけられた左側球体から）与えられた向きと W の向きを合わせると，D_R の向きが自然に定義される．すると，$\partial\colon C'_\mu \to C'_{\mu-1}$ は，向きづけられた右側球面と向きづけられた法束をもつ左側球面の交叉数のなす行列により与えられる．

$C'^* = \{C'^\mu, \delta'\}$ を，鎖複体 $C'_* = \{C'_\mu, \partial'\}$ の双対鎖複体とする．（したがって，$C'^\mu = \mathrm{Hom}(C'_\mu, \mathbb{Z})$ である．）C'^μ の基底として，$c_{n-\mu}$ の向きづけられた右側球体によって定まる C'_μ の基底の双対基底を選ぶ．

同型写像 $C_\lambda \to C'^{n-\lambda}$ は，それぞれの向きづけられた左側球体に，同じ臨界点の向きづけられた右側球体の双対を対応させることで定める．さて，すでに述べたように，$\partial\colon C_\lambda \to C_{\lambda-1}$ は，行列 $(a_{ij}) = (S_R(p_i) \cdot S'_L(p'_j))$ によって与えられる．$\delta'\colon C'^{n-\lambda} \to C'^{n-\lambda+1}$ は，行列 $(b_{ij}) = (S'_L(p'_j) \cdot S_R(p_i))$ によって与えられることは簡単にわかる．しかし，W は向きづけられているので，$b_{ij} = \pm a_{ij}$ であり，その符号は λ だけに依存する．（定義 6.1 の注 2 と比較せよ．この符号は $(-1)^{\lambda-1}$ であることがわかる．）したがって，∂ は $\pm\delta'$ に対応し，鎖複体の同型が同型写像 $H_\lambda(C_*) \cong H^{n-\lambda}(C'^*)$ を誘導することがわかる．

さて，定義 7.1 から，各 λ と μ に対して $H_\lambda(C_*) \cong H_\lambda(W, V)$ かつ $H_\mu(C'_*)$

$\cong H_\mu(W,V')$ である．さらに，後者の同型から，各 μ に対して $H^\mu(C'^*)\cong H^\mu(W,V')$ となる．なぜなら，普遍係数定理からわかるように，二つの鎖複体に対して，そのホモロジーが同型ならば，その双対鎖複体のコホモロジーは同型だからである．

これらを組み合わせると，求める同型写像 $H_\lambda(W,V)\cong H^{n-\lambda}(W,V')$ が得られる．　□

定理 7.6（**基底定理**(basis theorem)）　$(W;V,V')$ は n 次元多様体の三つ組で，すべての臨界点が同じ値であり，指数 λ のモース関数 f をもつようなものとする．そして，ξ を f に対する勾配状ベクトル場とする．$2\leq\lambda\leq n-2$ として，W は連結とする．すると，$H_\lambda(W,V)$ の基底が与えられたとき，モース関数 f' と f' に対する勾配状ベクトル場 ξ' が存在して，次を満たす．$V\cup V'$ の近傍で f' と ξ' は f と ξ に一致し，f' の臨界点はすべて f と同じで，同じ値であり，ξ' の左側球体が，向きを適切に与えれば，与えられた基底を定める．

証明　$p_1,\ldots,p_k$ を f の臨界点とする．$b_1,\ldots,b_k$ を向きが与えられた左側球体 $D_L(p_1),\ldots,D_L(p_k)$ によって表される $H_\lambda(W,V)\cong\mathbb{Z}\oplus\cdots\oplus\mathbb{Z}$（$k$ 個の直和）の基底とする．右側球体 $D_R(p_1),\ldots,D_R(p_k)$ の法束を，交叉数のなす行列 $(D_R(p_i)\cdot D_L(p_j))$ が k 次単位行列になるように向きをつける．

まず，W に滑らかに埋め込まれている向きづけられた λ 次元球体 D であって，$\partial D\subset V$ であるようなものを考える．D は，ある整数 $\alpha_1,\ldots,\alpha_k$ に対する元

$$\alpha_1 b_1+\cdots+\alpha_k b_k\in H_\lambda(W,V)$$

を代表する．すなわち，D は $\alpha_1 D_L(p_1)+\cdots+\alpha_k D_L(p_k)$ と同じホモロジー類を定める．これは，補題 6.3 の相対版（簡単に証明できる），すなわち，$j=1,\ldots,k$ に対して

$$\begin{aligned} D_R(p_j)\cdot D &= D_R(p_j)\cdot[\alpha_1 D_L(p_1)+\cdots+\alpha_k D_L(p_k)] \\ &= \alpha_1(D_R(p_j)\cdot D_L(p_1))+\cdots+\alpha_k(D_R(p_j)\cdot D_L(p_k)) \\ &= \alpha_j \end{aligned}$$

となることからわかる．したがって，D は元

$$D_R(p_1)\cdot D\ b_1+\cdots+D_R(p_k)\cdot D\ b_k$$

を代表する．

f' と ξ' を，向きづけられた新たな左側球体が $D'_L(p_1), D_L(p_2), \ldots, D_L(p_k)$ であり，$D_R(p_1)\cdot D'_L(p_1)=D_R(p_2)\cdot D'_L(p_1)=+1$ および $j=3,4,\ldots,k$ に対して $D_R(p_j)\cdot D'_L(p_1)=0$ となるように構成しよう．このとき，前段落の議論から，新たな基底は $b_1+b_2, b_2, \ldots, b_k$ となる．また，対応する左側球体の向きを逆にするだけで，基底要素を，その符号を逆にしたもので置き換えることもできる．このような基本変形の合成によってどんな基底でも作ることができるので，定理 7.6 は証明されたことになる．

おおよそ次のようにして，f' と ξ' を構成する．p_1 の近傍で f を大きくして，p_1 の左側球体が p_2 を正符号で「通り抜ける」ようにベクトル場 ξ を変更し，そして，関数 f がただ一つの臨界値をもつように調整する．

より正確に述べると，定理 4.1 を用いて，p_1 の小さな近傍の外側では f と一致するようなモース関数 f_1 で，$f_1(p_1)>f(p_1)$ であり，f_1 は f と同じ臨界点と勾配状ベクトル場をもつようなものを見つける．t_0 を $f_1(p_1)>t_0>f_1(p)$ となるように選び，$V_0=f_1^{-1}(t_0)$ とする．

V_0 における p_1 の $(\lambda-1)$ 次元の左側球面 S_L と，V_0 にある p_i の $(n-\lambda-1)$ 次元の右側球面 $S_R(p_i)$ $(2\leq i\leq k)$ は交わらない．点 $a\in S_L$ と $b\in S_R(p_2)$ を選ぶ．W は連結であり，したがって V_0 も連結なので，埋め込み $\varphi_1\colon(0,3)\to V_0$ が存在して，$\varphi_1(0,3)$ は，$\varphi_1(1)=a$ で S_L と，$\varphi_1(2)=b$ で $S_R(p_2)$ とそれぞれ一度だけ横断的に交わり，$\varphi_1(0,3)\cap(S_R(p_3)\cup\cdots\cup S_R(p_k))=\varnothing$ となるようなものが存在する．

補題 7.7　次の3条件を満たす埋め込み $\varphi\colon (0,3)\times\mathbb{R}^{\lambda-1}\times\mathbb{R}^{n-\lambda-1}\to V_0$ が存在する.

(1)　$s\in(0,3)$ に対して $\varphi(s,0,0)=\varphi_1(s)$.

(2)　$\varphi^{-1}(S_L)=\{1\}\times\mathbb{R}^{\lambda-1}\times\{0\}$, $\varphi^{-1}(S_R(p_2))=\{2\}\times\{0\}\times\mathbb{R}^{n-\lambda-1}$.

(3)　φ の像はほかの球面と交わらない. さらに, φ は, $\{1\}\times\mathbb{R}^{\lambda-1}\times\{0\}$ を S_L の中に正の向きに写し, $\varphi(2,0,0)=b$ において $\varphi((0,3)\times\mathbb{R}^{\lambda-1}\times\{0\})$ が $S_R(p_2)$ と交叉数 $+1$ で交わるように選ぶことができる.

証明　V_0 のリーマン計量を, 弧 $A=\varphi_1(0,3)$ が S_L および $S_R(p_2)$ と直交し, これらの球面が V_0 の全測地的な部分多様体になるように選ぶ. (補題6.7を見よ.)

$\mu(a)$ と $\mu(b)$ を, a と b における正規直交 $(\lambda-1)$ 枠で, $\mu(a)$ は a において正の向きに S_L と接し, $\mu(b)$ は b において交叉数 $+1$ で $S_R(p_2)$ と直交するとする. A に直交するベクトルの正規直交 $(\lambda-1)$ 枠からなる A 上の束は, シュティーフェル多様体 $V_{\lambda-1}(\mathbb{R}^{n-2})$ をファイバーとする自明束である. $\lambda-1<n-2$ なので $V_{\lambda-1}(\mathbb{R}^{n-2})$ は連結である. したがって, $\mu(a)$ と $\mu(b)$ を A 全体で滑らかな切断 μ に拡張できる.

A と μ に直交するベクトルの正規直交 $(n-\lambda-1)$ 枠からなる A 上の束は, $V_{n-\lambda-1}(\mathbb{R}^{n-\lambda-1})$ をファイバーとする自明束である. η を滑らかな切断とする.

ここで, このリーマン計量に付随した指数写像を使い, $(n-2)$ 枠 $\mu\eta$ によって, 求める埋め込み φ を定義しよう. 詳細は, 77ページの補題6.7の証明の完成部分と同様である. これで補題7.7は証明された. □

基底定理 7.6 の証明の完成　φ を用いて, $S_R(p_2)$ を横断するように S_L を動かす V_0 のアイソトピーを次のように構成する. (図7.2を参照のこと.)

正数 $\delta>0$ を固定し, 滑らかな関数 $\alpha\colon \mathbb{R}\to[1,2\frac{1}{2}]$ を, $u\geq 2\delta$ に対して $\alpha(u)=1$ であり, $u\leq\delta$ に対して $\alpha(u)>2$ であるようなものとする.

定理6.6の証明の最後(69ページ)と同じように, $(0,3)\times\mathbb{R}^{\lambda-1}\times\mathbb{R}^{n-\lambda-1}$ のアイソトピー H_t を次の2条件を満たすように構成する.

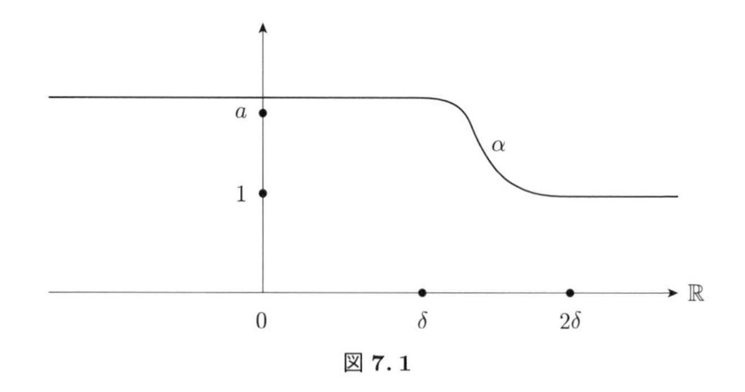

図 7.1

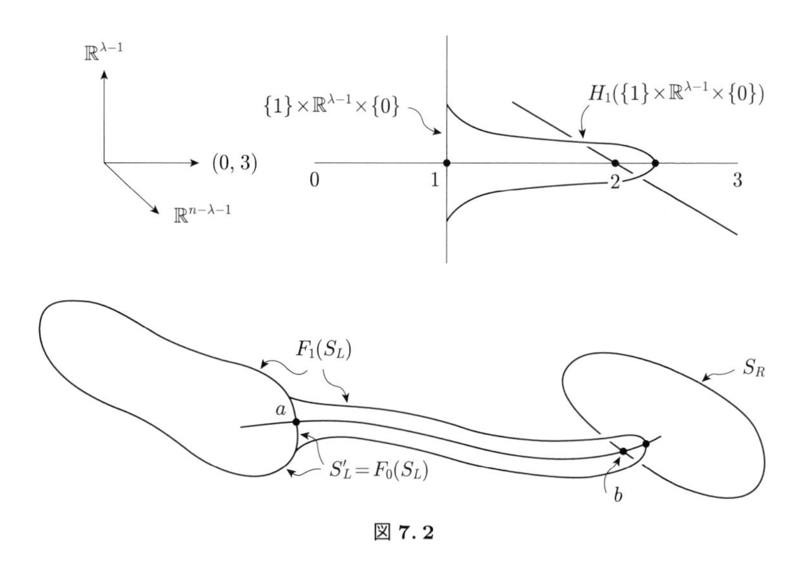

図 7.2

(1) $0 \leq t \leq 1$ に対して，H_t はあるコンパクト集合の外側で恒等写像である．

(2) $\vec{x} \in \mathbb{R}^{\lambda-1}$ に対して $H_t(1, \vec{x}, 0) = (t\alpha(|\vec{x}|^2) + (1-t), \vec{x}, 0)$.

V_0 のアイソトピー F_t を，$v \in \mathrm{Im}(\varphi)$ に対しては $F_t(v) = \varphi \circ H_t \circ \varphi^{-1}(v)$, それ以外の点に対しては $F_t(v) = v$ と定義する．H_t の性質(1)から，F_t は矛盾なく定義されていることがわかる．

さて，系3.5により，V_0 の右側に，W に埋め込まれた積近傍 $V_0\times[0,1]$ で，臨界点を含まず，$V_0\times\{0\}=V_0$ であるようなものが存在する．アイソトピー F_t を用いると，この近傍上のベクトル場 ξ を補題4.7と同じように変更して，W 上の新たなベクトル場 ξ' が得られる．

ξ と ξ' は V_0 の左(すなわち，$f_1^{-1}(-\infty,t_0]$ 上)で一致するので，ξ' に付随する V_0 の右側球面は $S_R(p_2),\dots,S_R(p_k)$ のままであることがわかる．ξ' に付随する p_1 の左側球面は，$S'_L=F_0(S_L)$ である．H_0 の性質(2)から，S'_L は $S_R(p_3),\dots,S_R(p_k)$ と交わらないことがわかる．よって，拡張4.2から，∂W の近傍で f_1 と一致(したがって f とも一致)するモース関数 f' で，ξ' を付随する勾配状ベクトル場とし，ただ一つの臨界値をもつようなものを見つけることができる．

これで，f' と ξ' を構成することができた．あとは，新たな左側球体が与えられた基底を代表することを示せばよい．

近傍 $V_0\times[0,1]$ の左，すなわち，$f_1^{-1}(-\infty,t_0]$ 上で $\xi'=\xi$ なので，ξ' に付随する $p_2,\dots,p_k$ の左側球体は $D_L(p_2),\dots,D_L(p_k)$ のままである．$V_0\times[0,1]$ の右でも $\xi'=\xi$ なので，新たな左側球体 $D'_L(p_1)$ は $p_1=D'_L(p_1)\cap D_R(p_1)$ で $D_R(p_1)$ と交叉数 $D_R(p_1)\cdot D'_L(p_1)=+1$ で交わる．H_t の性質(2)から，$D'_L(p_1)$ は $D_R(p_2)$ と一点で横断的に交わり，交叉数は $D_R(p_2)\cdot D'_L(p_1)=+1$ である．そして，φ の性質(3)から，$D'_L(p_1)$ は $D_R(p_3),\dots,D_R(p_k)$ と交わらず，したがって，$i=3,\dots,k$ に対して $D_R(p_i)\cdot D'_L(p_1)=0$ であることが導かれる．よって，ξ' に付随する左側球体を代表元とする $H_\lambda(W,V)$ の基底は，たしかに $b_1+b_2,b_2,\dots,b_k$ である．これで，定理7.6が証明された．□

定理7.8　$n\geq 6$ とする．$(W;V,V')$ は n 次元の三つ組で，0，1または $n-1$, n を指数とする臨界点をもたないようなモース関数をもつとする．さらに，W, V, V' はすべて単連結(したがって向きづけ可能)であり，$H_*(W,V)=0$ と仮定する．このとき，$(W;V,V')$ は積同境である．

証明　c によって $(W;V,V')$ の同境の同値類を表す．定理4.8から，$c=$

$c_2c_3\cdots c_{n-2}$ という分解と c 上のモース関数 f が存在して，次を満たす．f の各 c_λ への制限は，すべての臨界点の値が同じで指数 λ となるモース関数である．定理 7.4 と同じ記号を用いると，自由アーベル群の系列 $C_{n-2} \xrightarrow{\partial} C_{n-3} \xrightarrow{\partial} \cdots \xrightarrow{\partial} C_{\lambda+1} \xrightarrow{\partial} C_\lambda \xrightarrow{\partial} \cdots \xrightarrow{\partial} C_2$ がある．それぞれの λ に対して，∂: $C_{\lambda+1} \to C_\lambda$ の核に対する基底 $z_1^{\lambda+1},\ldots,z_{k_{\lambda+1}}^{\lambda+1}$ を選ぶ．$H_*(W,V)=0$ なので，定理 7.4 によって，上の系列は完全であり，したがって，$i=1,\ldots,k_\lambda$ に対して $b_1^{\lambda+1},\ldots,b_{k_\lambda}^{\lambda+1} \in C_{\lambda+1}$ を $b_i^{\lambda+1} \overset{\partial}{\mapsto} z_i^\lambda$ となるように選べる．すると，$z_1^{\lambda+1},\ldots,z_{k_{\lambda+1}}^{\lambda+1},b_1^{\lambda+1},\ldots,b_{k_\lambda}^{\lambda+1}$ は $C_{\lambda+1}$ の基底である．

$2 \leq \lambda \leq \lambda+1 \leq n-2$ なので，定理 7.6 を用いると，c 上のモース関数 f' と勾配状ベクトル場 ξ' で，c_λ と $c_{\lambda+1}$ の左側球体が C_λ と $C_{\lambda+1}$ に対して選んだ基底を代表するようなものを見つけることができる．

p と q を，それぞれ z_1^λ と $b_1^{\lambda+1}$ に対応する c_λ と $c_{\lambda+1}$ の臨界点とする．p の近傍で f' を大きくし，q の近傍で f' を小さくすることによって(定理 4.1，拡張 4.2 を参照のこと)，$c_\lambda c_{\lambda+1} = c'_\lambda c_p c_q c'_{\lambda+1}$ となり，c_p がただ一つの臨界点 p をもち，c_q がただ一つの臨界点 q をもつようなものが得られる．V_0 を c_p と c_q の間の f' の逆像の部分多様体とする．c_pc_q とその両端の多様体は，すべて単連結であることは簡単に確かめられる．(65 ページの注 1 と比較せよ.) $\partial b_1^{\lambda+1} = z_1^\lambda$ なので，V_0 の球面 $S_R(p)$ と $S_L(q)$ の交叉数は ± 1 である．したがって，第 2 解消定理 6.4 または系 6.5 から，c_pc_q は積同境であり，f' とその勾配状ベクトル場を c_pc_q の内部で変更して，そこで f' が臨界点をもたないようにできることがわかる．この操作を繰り返すと，あきらかにすべての臨界点を取り除くことができる．したがって，定理 3.4 から，定理 7.8 が証明された．　□

第8章　指数0と1の臨界点の除去

滑らかな三つ組 $(W^n; V, V')$ を考える．つねに「自己指数づけ」られたモース関数 f（定義 4.9 を参照のこと）とそれに付随した勾配状ベクトル場 ξ をもつと仮定する．$k=0,1,\ldots,n$ に対して $W_k=f^{-1}[-\frac{1}{2}, k+\frac{1}{2}]$ かつ $V_{k+}=f^{-1}(k+\frac{1}{2})$ とする．

定理 8.1

指数が 0 の場合　もしも $H_0(W,V)=0$ ならば，指数 0 の臨界点たちは，同じ個数の指数 1 の臨界点と対で解消することができる．

指数が 1 の場合　W と V を単連結として，$n\geq 5$ とする．もしも指数 0 の臨界点がないならば，指数 1 の臨界点それぞれに，指数 2 と指数 3 の補助的な臨界点の対を追加して，指数 1 の臨界点とその指数 2 の補助的な臨界点を対で解消することができる．（このようにして，指数 1 の臨界点を，同じ個数の指数 3 の臨界点と「交換」することができる．）

注　定理 7.8 で用いた指数 $2\leq\lambda\leq n-2$ の臨界点を解消する方法は，次のような理由によって指数 1 ではうまくいかない．第 2 解消定理 6.4 は $\lambda=1$ か $n\geq 6$ に対して成り立つ(65 ページ)．しかし，指数 1 の臨界点があるときには，定理 6.4 の仮定である単連結性が成り立たないので，定理 6.4 を適用することができない．

定理 8.1（指数が 0 の場合）の証明　もしも V_{0+} において一点で交わる S_R^{n-1} と S_L^0 を見つけることがつねにできれば，拡張 4.2，第 1 解消定理 5.4 から帰納的に示される．（下記の指数が 1 の場合の証明と比較せよ．）$\mathbb{Z}_2=\mathbb{Z}/2\mathbb{Z}$ を係数とするホモロジーを考える．$H_0(W,V;\mathbb{Z}_2)=0$ なので，定理 7.4 によって，$H_1(W_1,W_0;\mathbb{Z}_2)\xrightarrow{\partial}H_0(W_0,V;\mathbb{Z}_2)$ は全射である．ところが，∂ は，あきらかに V_{0+} における $(n-1)$ 次元右側球面と 0 次元左側球面の 2

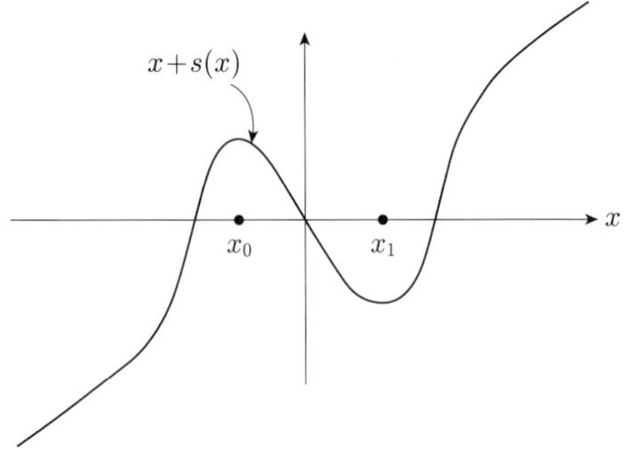

図 **8. 1**

を法とする交叉数からなる行列によって与えられる．したがって，任意の S_R^{n-1} に対して，$S_R^{n-1} \cdot S_L^0 \not\equiv 0 \pmod 2$ となるような S_L^0 が少なくとも一つある．これは，$S_R^{n-1} \cap S_L^0$ が奇数個の点からなるということで，それは 1 しかありえない．これで，指数が 0 の場合が証明された． □

補助的な臨界点を構成するためには，次の補題が必要になる．

補題 8. 2　$0 \leq \lambda < n$ が与えられたとき，滑らかな写像 $f\colon \mathbb{R}^n \to \mathbb{R}$ で，コンパクト集合の外で $f(x_1, \ldots, x_n) = x_1$ であり，さらに，f の臨界点は 2 個の点 p_1 と p_2 だけで，それらは非退化で，それぞれ指数は λ と $\lambda+1$ であり，$f(p_1) < f(p_2)$ となるようなものが存在する．

証明　$\mathbb{R}^n$ を $\mathbb{R} \times \mathbb{R}^\lambda \times \mathbb{R}^{n-\lambda-1}$ と同一視し，その点を (x, y, z) と書く．y^2 と z^2 を，それぞれ $y \in \mathbb{R}^\lambda$ と $z \in \mathbb{R}^{n-\lambda-1}$ の長さの平方とする．

コンパクトな台をもつ関数 $s(x)$ で，$x+s(x)$ が非退化な 2 個の臨界点 x_0, x_1 をもつようなものを選ぶ．

まず，$\mathbb{R}^n$ 上の関数 $x+s(x)-y^2+z^2$ を考える．この関数の臨界点は $(x_0, 0, 0)$ と $(x_1, 0, 0)$ の 2 個であり，それぞれ非退化で，指数は λ と $\lambda+1$ である．

次に，この関数を「徐々に小さく」する．コンパクトな台をもつ滑らかな

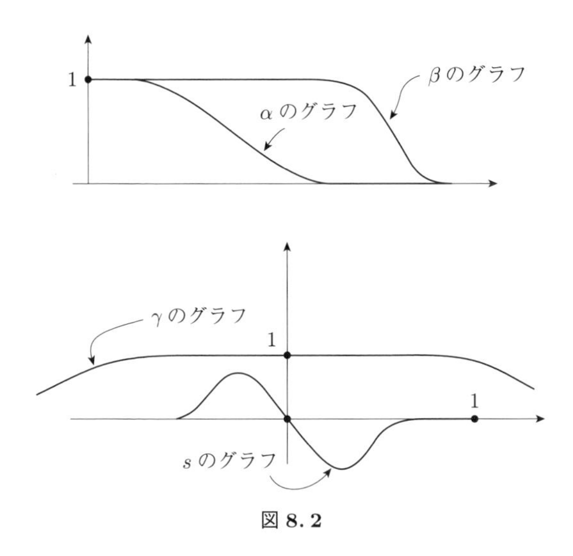

図 8.2

3 個の関数 $\alpha, \beta, \gamma \colon \mathbb{R} \to \mathbb{R}_+$ で，次の条件を満たすものを選ぶ．

(1) $|t| \leq 1$ に対して $\alpha(t)=1$.

(2) すべての t に対して $|\alpha'(t)| < 1/\max_x |s(x)|$.（記号 $'$ は微分を表す．）

(3) $\alpha(t) \neq 0$ であるときにはつねに $\beta(t)=1$.

(4) $s'(x) \neq 0$ であるときにはつねに $\gamma(x)=1$.

(5) $|\gamma'(x)| < 1/\max_t (t\beta(t))$.

さて，

$$f = x + s(x)\alpha(y^2+z^2) + \gamma(x)(-y^2+z^2)\beta(y^2+z^2)$$

とする．次のことに注意せよ．

(a) $f-x$ の台はコンパクトである．

(b) $\alpha=1$（したがって $\beta=1$）かつ $\gamma=1$ であるような領域の内部では，f はもとの関数と一致し，もとの関数と同じ臨界点をもつ．

(c) $\dfrac{\partial f}{\partial x} = 1 + s'(x)\alpha(y^2+z^2) + \gamma'(x)(-y^2+z^2)\beta(y^2+z^2)$．右辺の第 3 項は，条件(5)によって絶対値が 1 より小さい．したがって，$s'(x)=0$ または $\alpha(y^2+z^2)=0$ のときには，$\dfrac{\partial f}{\partial x} \neq 0$ となる．よって，臨界点

を見つけるためには，$s'(x)\neq 0$（したがって $\gamma=1$）かつ $\alpha(y^2+z^2)\neq 0$（したがって $\beta=1$）であるような領域だけを調べればよい．

(d) $\gamma=1$ かつ $\beta=1$ であるような領域では，$\mathrm{grad}(f)=(1+s'(x)\alpha(y^2+z^2), 2y(s(x)\alpha'(y^2+z^2)-1), 2z(s(x)\alpha'(y^2+z^2)+1))$ となる．しかし，条件(2)によって，$s(x)\alpha'(y^2+z^2)\pm 1\neq 0$ である．したがって，勾配がゼロになるのは，$y=0$, $z=0$ のときだけである．すなわち，$\alpha=1$ のときだけである．しかし，これはすでに(b)で述べられている．□

定理 8.1（指数が 1 の場合）の証明　与えられた状況を模式的に表すと，次のようになる．

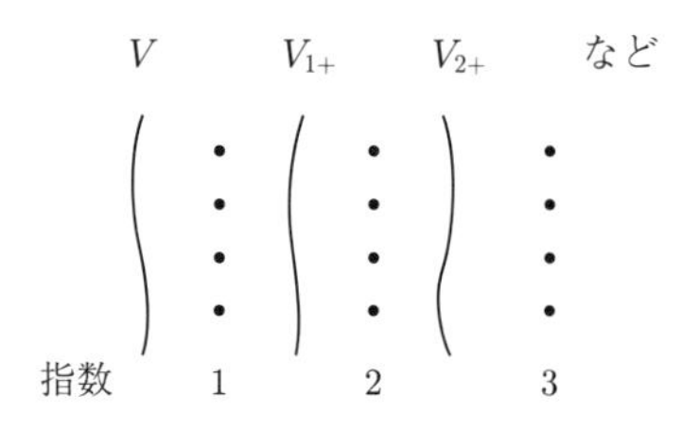

証明の第1段階は，臨界点 p の V_{1+} における任意の $(n-2)$ 次元右側球面に対して，指数2の臨界点の左側球面となる1次元球面をうまく構成して，p を解消することである．

補題 8.3　S_R^{n-2} が V_{1+} における右側球面ならば，V_{1+} に埋め込まれた1次元球面で，S_R^{n-2} と一点だけで横断的に交わり，ほかの右側球面とは交わらないようなものが存在する．

証明　埋め込まれた小さな1次元球体 $D\subset V_{1+}$ で，その中点 q_0 において，S_R^{n-2} と横断的に交わり，ほかの右側球面とは交わらないようなものがたしかに存在する．D の端点を，ξ の軌道に沿って V の中の2点の対に移す．V は連結であり，その次元は $n-1\geq 2$ なので，V の0次元左側球面を避けるような V の中の滑らかな道によってこの2点をつなぐことができる．この道は，すべての右側球面を避けるように D の端点をつなぐ V_{1+} の中の滑らかな道に戻すことができる．ここで，次の2条件を満たすような滑らか

な写像 $g\colon S^1 \to V_{1+}$ を容易に構成することができる.

(a)　$g^{-1}(q_0)$ は点 $a \in S^1$ であり, g は a の閉近傍 A を D における q_0 の近傍の中に滑らかに埋め込む.

(b)　$g(S^1 \setminus \{a\})$ は, いかなる $(n-2)$ 次元右側球面とも交わらない.

$\dim V = n-1 \geq 3$ なので, ホイットニーの定理6.12によって, これらの性質をもつ滑らかな埋め込みが与えられる. これで補題8.3が証明された. □

補題6.11, 6.12の系である次の定理8.4が必要になる.

定理8.4　滑らかな多様体 M^m の滑らかな多様体 N^n への滑らかな二つの埋め込みがホモトピックであるとき, $n \geq 2m+3$ ならば, それらは滑らかにアイソトピックである.

注　実際には, 定理8.4は $n \geq 2m+2$ において成り立つ. (ホイットニー[16]を見よ.)

定理8.1(指数が1の場合)の証明の続き　V_{2+} はつねに単連結であることに注意せよ. 実際, 包含写像 $V_{2+} \subset W$ は, ホモトピー同値である包含写像と胞体接着に付随する包含写像が交互になった包含写像の列に分解される(定理3.14を参照のこと). 接着された胞体は, 次元が $n-2$ または $n-1$ であれば左側にいき, 次元が $3, 4, \ldots$ ならば右側にいく. このようにして, W が連結なので, V_{2+} は連結であり, $\pi_1(V_{2+}) = \pi_1(W) = 1$ である. (65ページの注1と比較せよ.) 指数1の任意の臨界点 p に対して, 補題8.3と同じように V_{1+} の中に「仮想的な」1次元球面 S を構成する. もしも必要ならば ξ を V_{2+} の右側に調整することで, S は V_{1+} の中のどの1次元左側球面とも交わらないとしてよい. (補題4.6と4.7を見よ.) このとき, S を V_{2+} の中の1次元球面 S_1 に移すことができる.

V_{2+} の右側に拡張したカラー近傍において, 開集合 U を $\mathbb{R}^n$ に埋め込む座標関数 $x_1, \ldots, x_n$ を, $f|_U = x_n$ となるように選ぶことができる. (補題2.9の証明と比較せよ.) 補題8.2を使って U のコンパクト部分集合上で f を変更し, それぞれ指数2と3の「補助的な」臨界点の対 q と r で, $f(q) <$

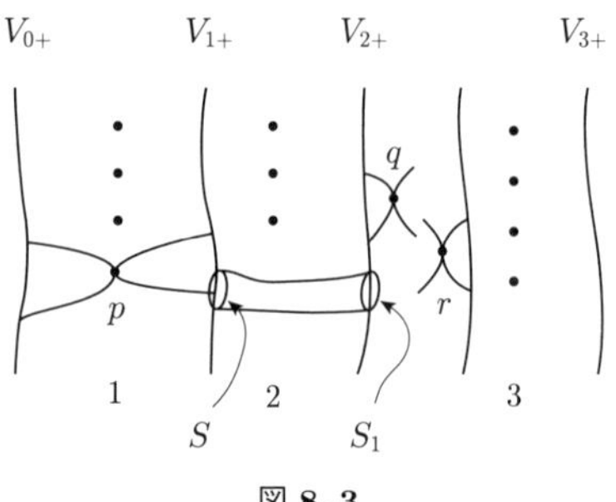

図 **8.3**

$f(r)$ であるようなものを追加する．(図 8.3 を見よ．)

S_2 を V_{2+} における q の 1 次元左側球面とする．V_{2+} は単連結なので，定理 8.4 と定理 5.8 から，V_{2+} から V_{2+} への恒等写像のアイソトピーで，S_2 を S_1 に写すようなものがあることがわかる．このようにして ξ を V_{2+} の右で調整すると(補題 4.7 を見よ)，V_{2+} における q の左側球面は S_1 になる．このとき，V_{1+} における q の左側球面は S であり，構成によって，これは p の右側球面と一点で横断的に交わる．

(拡張 4.2 によって) ξ を変えることなく，$f^{-1}[\frac{1}{2},1\frac{1}{2}]$ と $f^{-1}[1\frac{1}{2},k]$ ($k=(f(q)+f(r))/2$) の内部で f を変えることで，p の値を大きく，q の値を小さくして，ある $\delta>0$ に対して

$$1+\delta < f(p) < 1\frac{1}{2} < f(q) < 2-\delta$$

となるようにする．ここで，第 1 解消定理を使って，f と ξ を，$f^{-1}[1+\delta,2-\delta]$ において変更し，二つの臨界点 p と q を取り除く．最後に，(拡張 4.2 を使って) r の臨界値を 3 に動かす．

これで，p と r を「交換」することができた．この処理を指数 1 の臨界点がなくなるまで繰り返す．これで，定理 8.1 が証明された． □

第9章 h 同境定理とその応用

ここまで目指してきたのは，次の定理 9.1 を証明することである．

定理 9.1 (**h 同境定理**)　三つ組 $(W^n; V, V')$ が次の性質をもつものとする．

(1) W, V, V' は単連結である．

(2) $H_*(W, V) = 0$.

(3) $\dim W = n \geq 6$.

このとき，W は $V \times [0,1]$ と微分同相である．

注　条件(2)は，(2′) $H_*(W, V') = 0$ と同値である．なぜなら，ポアンカレ双対性によって $H_*(W, V) = 0$ ならば $H^*(W, V') = 0$ であるが，$H^*(W, V') = 0$ ならば $H_*(W, V') = 0$ となるからである．同様にして，条件(2′)から条件(2)が導かれる．

証明　$(W; V, V')$ 上の自己指数づけられたモース関数 f を選ぶ．定理 8.1 によって，指数 0 と 1 の臨界点を取り除く．モース関数 f を $-f$ で置き換えると，この三つ組は「ひっくり返り」，指数 λ の臨界点は指数 $n-\lambda$ の臨界点になる．このようにして，(もとの)指数 n と $n-1$ の臨界点も，取り除くことができる．これで，定理 7.8 によって，求める結果が得られる．　□

定義 9.2　三つ組 $(W; V, V')$ は，V と V' がともに W の変位レトラクトならば，**h 同境**(h-cobordism)であるという．また，このとき，V は V' に **h 同境**(h-cobordant)であるという．

注　条件(2)をそれよりも見た目には強い $(W; V, V')$ が h 同境であるという条件に置き換えたとしても，定理 9.1 と同等な定理が得られることは，ここでは使わないが，興味深い．実際，条件(1)と(2)から，$(W; V, V')$ が h 同境であることが導かれる．すなわち，(相対)フレヴィッチ同型定理(フー[20, p.166]; ヒルトン[21,

p. 103])によって，次の条件(i)から条件(ii)が出る．

(i)　$\pi_1(V)=0$，$\pi_1(W,V)=0$，$H_*(W,V)=0$.

(ii)　$\pi_i(W,V)=0\ (i=0,1,2,\ldots)$.

(W,V) が三角形分割可能な対であること(マンカーズ[5, p. 101])によって，条件(ii)から，強変位レトラクション $W\to V$ を構成できる．(ヒルトン[21, p. 98, Thm 1.7]を参照のこと．) 条件(2)から $H_*(W,V')=0$ がわかるので，同じ議論によって，V' は W の(強)変位レトラクトである．

定理 9.1 の重要な系として，次の定理がある．

定理 9.2[*)]　二つの n 次元($n\geq 5$)の滑らかな単連結閉多様体は，h 同境ならば微分同相である．

いくつかの応用(スメール[6,22]も見よ)

命題 A (滑らかな n 次元球体 D^n ($n\geq 6$)の特徴づけ)　W^n は滑らかな単連結コンパクト n 次元多様体で，その境界も単連結であるとする．このとき，次の主張(1)-(4)は同値である．

(1)　W^n は D^n と微分同相である．

(2)　W^n は D^n と同相である．

(3)　W^n は可縮である．

(4)　W^n の(整数係数)ホモロジーは一点のホモロジーに等しい．

証明　あきらかに(1) ⇒ (2) ⇒ (3) ⇒ (4)が成り立つので，(4) ⇒ (1)を証明する．D_0 を $\mathrm{Int}\,W$ に埋め込まれた滑らかな n 次元球体とすれば，$(W\setminus \mathrm{Int}\,D_0;\partial D_0,V)$ は h 同境定理の仮定を満たす．とくに，(切除同型によって) $H_*(W\setminus \mathrm{Int}\,D_0,\partial D_0)\cong H_*(W,D_0)=0$ である．

よって，同境 $(W^n;\varnothing,V)$ は，$(D_0;\varnothing,\partial D_0)$ と積同境 $(W\setminus \mathrm{Int}\,D_0;\partial D_0, V)$ の合成である．すると，定理 1.4 から，W は D_0 と微分同相であることがわかる．　□

命題 B (**5 次元以上の一般ポアンカレ予想**(generalized Poincaré conjec-

*)　(訳注) 定義 9.2 と同じ番号が振られている．

ture)（スメール[22]を見よ)）　$n\geq 5$ とする．M^n が滑らかな単連結閉多様体で，その(整数係数)ホモロジーが n 次元球面 S^n と同じならば，M^n は S^n と同相である．もしも $n=5$ または6であれば，M^n は S^n と微分同相である．

系　$n\geq 5$ とする．滑らかな閉多様体 M^n が n 次元ホモトピー球面(すなわち，ホモトピー型が S^n である)ならば，M^n は S^n と同相である．

注　滑らかな7次元多様体 M^7 で，S^7 と同相であるが微分同相ではないようなものが存在する．（ミルナー[24]を見よ.）

命題Bの証明　まず $n\geq 6$ とする．$D_0\subset M$ を滑らかな n 次元球体とすれば，$M\setminus\mathrm{Int}\,D_0$ は命題Aの条件を満たす．とくに，

$$
\begin{aligned}
H_i(M\setminus\mathrm{Int}\,D_0) &\cong H^{n-i}(M\setminus\mathrm{Int}\,D_0,\partial D_0) &&\text{（ポアンカレ双対性：定理7.5）}\\
&\cong H^{n-i}(M,D_0) &&\text{（切除同型）}\\
&\cong \begin{cases} 0 & (i>0) \\ \mathbb{Z} & (i=0) \end{cases} &&\text{（完全系列）}
\end{aligned}
$$

が成り立つ．したがって，$M=(M\setminus\mathrm{Int}\,D_0)\cup D_0$ は，境界を微分同相写像 $h\colon \partial D_1^n\to\partial D_2^n$ で同一視した二つの n 次元球体 D_1^n, D_2^n の和と微分同相である．

注　このような多様体は**捻**(ねじ)**れ球面**(twisted sphere)と呼ばれる．あきらかに，すべての捻れ球面は，2をモース数とする閉多様体であり，その逆も成り立つ．

任意の捻れ球面 $M=D_1^n\cup_h D_2^n$ が S^n と同相であることを示せば，$n\geq 6$ の場合が証明されたことになる．$g_1\colon D_1^n\to S^n$ を $S^n\subset\mathbb{R}^{n+1}$ の南半球，すなわち，集合 $\{\vec{x}\mid|\vec{x}|=1,\ x_{n+1}\leq 0\}$ の上への埋め込みとする．D_2^n の各点は，$0\leq t\leq 1$, $v\in\partial D_2$ によって tv と書くことができる．$g\colon M\to S^n$ を次のように定義する．

(i)　$u\in D_1^n$ ならば $g(u)=g_1(u)$.

(ii) D_2^n の点 tv に対して，$g(tv) = (\sin \frac{\pi t}{2}) g_1(h^{-1}(v)) + (\cos \frac{\pi t}{2}) e_{n+1}$.
ただし，$e_{n+1} = (0, \ldots, 0, 1) \in \mathbb{R}^{n+1}$ とする．

このとき，g は矛盾なく定義された S^n の上への1対1連続写像であり，したがって同相写像である．これで，$n \geq 6$ の場合が証明された．$n=5$ の場合は，次の定理を用いる．

定理 9.1 (ケルヴェア-ミルナー[25]，ウォール[26])†)　M^n を滑らかな単連結閉多様体で，そのホモロジーは n 次元球面 S^n と同じであるようなものとする．このとき $n=4$, 5, 6 ならば，M^n は滑らかで可縮なコンパクト多様体の境界となる．

すると，命題Aにより，$n=5$ または6ならば，M^n と S^n は実際に微分同相であることがわかる．□

命題 C (5次元球体の特徴づけ)　W^5 を滑らかな単連結コンパクト多様体で，一点と同じ(整数係数)ホモロジーをもつようなものとする．$V = \partial W$ とすると，次の各項が成り立つ．

(1) V が S^4 と微分同相ならば，W は D^5 と微分同相である．

(2) V が S^4 と同相ならば，W は D^5 と同相である．

命題 C (1)の証明　h を微分同相写像 $V \to \partial D^5 = S^4$ として，滑らかな5次元多様体 $M = W \cup_h D^5$ を作る．すると，M は単連結な多様体で，そのホモロジーは球面と同じである．命題Bにおいて，M は実際には S^5 と微分同相であることを証明した．ここで，次の定理を用いる．

定理 9.6 (パレ[27]，シェルフ[28]，ミルナー[12, p. 11])‡)　n 次元球体から向きづけられた連結 n 次元多様体への向きを保つ滑らかな埋め込みが二つあれば，それらは全アイソトピーである．

そうすると，$D^5 \subset M$ を球体 D_1^5 の上に写す微分同相写像 $g\colon M \to M$ で，

---

†) (訳注) 97ページの定理9.1と同じ定理番号がついているが別の定理である．

‡) (訳注) 定理等の番号9.3-9.5はない．

$D_2^5=M\setminus\mathrm{Int}\,D_1^5$ もまた球体であるようなものがある．このとき，g は $W\subset M$ を D_2^5 の上へ微分同相に写す．　□

命題 C (2)の証明　W のダブル $D(W)$ (すなわち，W とその複製の境界を同一視したもの．マンカーズ[5, p. 54]を見よ)を考える．部分多様体 $V\subset D(W)$ は，$D(W)$ の中に両側カラー近傍をもち，$D(W)$ は命題 B によって S^5 と同相である．ブラウン[23]は，次の定理を証明した．

定理 9.7　S^n に位相的に埋め込まれた $(n-1)$ 次元球面 Σ が両側カラー近傍をもつならば，Σ を $S^{n-1}\subset S^n$ の上に写す同相写像 $h\colon S^n\to S^n$ が存在する．このとき，$S^n\setminus\Sigma$ は二つの連結成分をもち，それぞれの閉包は Σ を境界とする n 次元球体である．

この定理から，W は D^5 と同相であることがわかる．これで，命題 C が証明された．　□

命題 D (5 次元以上の微分可能シェーンフリースの定理(Schoenflies theorem))　Σ を，S^n に滑らかに埋め込まれた $(n-1)$ 次元球面とする．$n\geq 5$ ならば，Σ を赤道 $S^{n-1}\subset S^n$ の上に動かす滑らかな全アイソトピーがある．

証明　$S^n\setminus\Sigma$ は(アレクサンダー双対性によって)二つの連結成分をもち，したがって，系 3.6 によって，Σ は S^n の中に両側カラー近傍をもつ．S^n における $S^n\setminus\Sigma$ の連結成分の閉包は，Σ を境界とする滑らかな単連結多様体 D_0 で，一点と同じ(整数係数)ホモロジーをもつ．$n\geq 5$ ならば，命題 A と C によって，D_0 は D^n と微分同相である．このとき，パレとシェルフの定理(定理 9.6)によって，D_0 を南半球に動かし，したがって，$\partial D_0=\Sigma$ を赤道に動かす全アイソトピーがある．　□

注　これは，$f\colon S^{n-1}\to S^n$ が滑らかな埋め込みならば，f は $S^{n-1}\subset S^n$ の上への写像と滑らかにアイソトピックであることを示している．しかし，一般には，f が包含写像 $i\colon S^{n-1}\to S^n$ と滑らかにアイソトピックであるとは限らない．たとえば，もしも $g\colon S^{n-1}\to S^{n-1}$ が微分同相写像 $D^n\to D^n$ に拡張できないようなものとすれば，$f=i\circ g$ に対して，これは成り立たない．(g が D^n に拡張されることと，捻れ

球面 $D_1^n \cup_g D_2^n$ が S^n と微分同相であることの同値性は簡単に示せる.）実際，f が i と滑らかにアイソトピックならば，アイソトピー拡張定理 5.8 によって，$d \circ i = f = i \circ g$ であるような微分同相写像 $d\colon S^n \to S^n$ が存在する．これによって，g の微分同相写像 $D^n \to D^n$ への拡張が二つ得られる．

結びの注　次元 $n < 6$ に対して，h 同境定理が成り立つかどうかは未解決である．$(W^n; V, V')$ を，W^n が単連結で，$n < 6$ であるような h 同境とする．

$\boldsymbol{n = 0, 1, 2}$：h 同境定理は自明(または主張が空)である．

$\boldsymbol{n = 3}$：V と V' は 2 次元球面でなければならない．このとき，h 同境定理は，**「すべての滑らかなコンパクト 3 次元多様体で S^3 とホモトピー同値であるようなものは，S^3 と微分同相である」**という古典的なポアンカレ予想から簡単に導かれる．すべての 3 次元捻れ球面(99 ページを見よ)は S^3 と微分同相なので(スメール[30]およびマンカーズ[31]を見よ)，h 同境定理は実際にポアンカレ予想と同値である．

$\boldsymbol{n = 4}$：古典的なポアンカレ予想が真ならば，V と V' は 3 次元球面でなければならない．このとき，h 同境定理は，**「すべての滑らかなコンパクト 4 次元多様体で可縮かつ境界が S^3 であるようなものは，D^4 と微分同相である」**という「4 次元球体予想」と同値であることが，すぐにわかる．さて，シェルフの難しい定理[29]によれば，すべての 4 次元捻れ球面は S^4 と微分同相である．よって，4 次元球体予想は**「すべての滑らかなコンパクト 4 次元多様体で S^4 とホモトピー同値であるようなものは，S^4 と微分同相である」**と同値であることがわかる．

$\boldsymbol{n = 5}$：命題 C から，V と V' が S^4 と微分同相であるときには，h 同境定理が成り立つことがわかる．しかし，単連結 4 次元閉多様体には，S^4 以外にも多くの種類が存在する．バーデンは(未発表文献で)，$r\colon W \to V$ を変位レトラクションとするとき，$r|_{V'}$ にホモトピックな微分同相写像 $f\colon V' \to V$ が存在するならば，W は $V \times [0,1]$ と微分同相であることを示した．（ウォール[38]および[37]も参照のこと.）

参考文献

[1] G. de Rham, *Variétés différentiables: formes, courants, formes harmoniques*, 2e éd., Hermann, 1960.

[2] S. Eilenberg and N. E. Steenrod, *Foundations of algebraic topology*, Princeton University Press, 1952.

[3] S. Lang, *Introduction to differentiable manifolds*, Interscience Publishers, 1962.

[4] J. Milnor, *Morse theory*, Princeton University Press, 1963.

[5] J. R. Munkres, *Elementary differential topology: lectures given at Massachusetts Institute of Technology, fall, 1961*, Princeton University Press, 1963.

[6] S. Smale, *On the structure of manifolds*, Amer. J. of Math. **84** (1962), no. 3, 387–399.

[7] H. Whitney, *The Self-intersections of a smooth n-manifold in 2n-space*, Annals of Math. **45** (1944), no. 2, 220–246.

[8] S. Smale, *On gradient dynamical systems*, Annals of Math. **74** (1961), no. 1, 199–206.

[9] A. H. Wallace, *Modifications and cobounding manifolds*, Canadian J. of Math. **12** (1960), 503–528.

[10] J. Milnor, *The Sard–Brown theorem and elementary topology*, mimeographed, Princeton University, 1964.

[11] M. Morse, Differential and combinatorial topology, Proceedings of a symposium in honour of Marston Morse, Princeton University Press (to appear). [M. Morse, *Bowls of a non-degenerate function on a compact differentiable manifold*, in *Differential and combinatorial topology: a symposium in honor of Marston Morse* (S. S. Cairns, ed.), Princeton University Press, 1965, pp. 81–104.]

[12] J. Milnor, *Differential structures*, lecture notes mimeographed, Princeton University, 1961.

[13] R. Thom, *La classification des immersions*, Séminaire N. Bourbaki, 1957.

[14] J. Milnor, *Characteristic classes*, notes by J. Stasheff, mimeographed, Princeton University, 1957.

[15] J. Milnor, *Differential topology*, notes by J. Munkres, mimeographed, Princeton University, 1958.

[16] H. Whitney, *Differentiable manifolds*, Annals of Math. **37** (1936), no. 3, 645-680.

[17] R. H. Crowell and R. H. Fox, *Introduction to knot theory*, Ginn, 1963.

[18] N. Steenrod, *The topology of fibre bundles*, Princeton University Press, 1951.

[19] J. Milnor, *Characteristic classes notes, appendix A*, mimeographed, Princeton University, March, 1964.

[20] S.-T. Hu, *Homotopy theory*, Academic Press, 1959.

[21] P. J. Hilton, *An introduction to homotopy theory*, Cambridge University Press, 1961.

[22] S. Smale, *Generalized Poincaré's conjecture in dimensions greater than four*, Annals of Math. **74** (1961), no. 2, 391-406.

[23] M. Brown, *A proof of the generalized Schoenflies theorem*, Bull. Amer. Math. Soc. **66** (1960), no. 2, 74-76.

[24] J. Milnor, *On manifolds homeomorphic to the 7-sphere*, Annals of Math. **64** (1956), no. 2, 399-405.

[25] M. A. Kervaire and J. W. Milnor, *Groups of homotopy spheres: I*, Annals of Math. **77** (1963), no. 3, 504-537.

[26] C. T. C. Wall, *Killing the middle homotopy groups of odd dimensional manifolds*, Trans. Amer. Math. Soc. **103** (1962), no. 3, 421-433.

[27] R. S. Palais, *Extending diffeomorphisms*, Proc. Amer. Math. Soc. **11** (1960), no. 2, 274-277.

[28] J. Cerf, *Topologie de certains espaces de plongements*, Bull. Soc. Math. France **89** (1961), 227-380.

[29] J. Cerf, *La nullité du groupe* Γ_4, Sém. H. Cartan, Paris 1962/63, nos. 8, 9, 10, 20, 21.

[30] S. Smale, *Diffeomorphisms of the 2-sphere*, Proc. Amer. Math. Soc. **10** (1959), no. 4, 621-626.

[31] J. Munkres, *Differential isotopies on the 2-sphere*, Michigan Math. J. **7** (1960), no. 3, 193-197.

[32] W. Huebsch and M. Morse, *The bowl theorem and a model nondegenerate function*, Proc. Nat. Acad. Sci. U. S. A. **51** (1964), no. 1, 49-51.

[33] D. Barden, *Structure of manifolds*, Thesis, Cambridge University, 1963.

[34] J. Milnor, *Two complexes which are homeomorphic but combinatorially distinct*, Annals of Math. **74** (1961), no. 3, 575-590.

[35] B. Mazur, *Differential topology from the point of view of simple homotopy theory*, Publications Mathématiques de l'Institut des Hautes Études Scientifiques **15** (1963), 5-93.

[36] C. T. C. Wall, *Differential topology*, Part IV, mimeographed notes, Cambridge University, 1962.

[37] C. T. C. Wall, *On simply-connected 4-manifolds*, J. London Math. Soc. **39** (1964), no. 1, 141-149.

[38] C. T. C. Wall, *Topology of smooth manifolds*, J. London Math. Soc. **40** (1965), no. 1, 1-20.

[39] J. Cerf, *Isotopy and pseudo-isotopy*, I, mimeographed at Cambridge University, 1964.

監訳者解説

1　はじめに

本書が目標とする h 同境定理は，高次元トポロジーの黄金時代の結晶であり，その背景の「モース理論」と「同境」と「手術」は現代幾何の故郷である．ちなみに，h 同境定理の h はホモトピー同値(homotopy equivalence)の h である．この定理は，高次元ポアンカレ予想の解決のような華々しい応用を導くだけではなく，証明の射程が長い．そして，h 同境定理の圧巻の解説書がミルナーによる *Lectures on the h-cobordism theorem* であり，本書はその全訳である．原著は，ミルナーが 1963 年にプリンストン大学で行った講義のジーベンマンとサンダウによる記録を基にして，1965 年にプリンストン大学出版局から出版され[42]，2016 年には同出版局から新装版が出た．ロシア語への翻訳[45]もある．本書は 1965 年版を底本とした．ただし，1965 年版と 2016 年版に内容の違いはない．翻訳にあたっては，まず訳者の川辺治之氏が全体を訳し，次に監訳者の松尾が内容の検討を行った．その際，数学的な軽微な誤りや定理番号の引用の誤りを修正し，一部の記号は現代の標準的なものに変更した．

高次元の目に見えない空間を研究するとはどういうことなのだろうかと胸を高鳴らせている人たちに，本書を薦めたい．もしかしたらこのように長く複雑な証明に挑戦するのは初めてかもしれない．たった一つの定理を示すために一冊が費やされる．全てを納得しながら読むには膨大な時間が必要となる．しかし，この本は私たちを遥か遠くへと連れて行ってくれるのだ．Mais *ce livre* nous entrainerait trop loin.

J. W. ミルナー(2007 年，チューリッヒ)
写真提供：Archives of the Mathematisches Forschungsinstitut Oberwolfach

2　著者ミルナーについて

ミルナー(John Willard Milnor)は，1931 年 2 月 20 日にアメリカのニュージャージー州オレンジに生まれた．1951 年にプリンストン大学を卒業し，1954 年に同大学のフォックスの下で学位を取った．その後，プリンストン大学とマサチューセッツ工科大学とプリンストン高等研究所を経て，本稿執筆時はニューヨーク州立大学ストーニーブルック校(ストーニーブルック大学)に所属している．1962 年にフィールズ賞を，1989 年にウルフ賞を，2011 年にアーベル賞を受賞した．さらに詳しい経歴については，例えば本人による自伝[49,64]やインタビュー[77]を参照のこと．

ミルナーの 2012 年までの論文は全 7 巻の全集[47, 55–59, 63]として分野ごとにまとめられている．ただし，初期のゲーム理論についての論文は収録されていない．各巻冒頭には本人による注解があり，それぞれの論文が書かれた経緯がわかり大変興味深い．また，本書の補題 6.11 で引用されている講義録 *Differential topology* は，それまでは謄写版として配布されており入手困難であったが，全集第 3 巻で初めて出版された．さらに，8 冊の教科書 [41,42,44,46,48,54,65,66]を書いており，そのうち本書を含めて 5 冊に

日本語訳 [52,60–62]がある.

ミルナーの数学への影響は遍在している. 還暦記念論文集 [18]やアーベル賞記念論文集 [24]には各分野の専門家による紹介がある. その業績のどれもが第一級である. また, 本書がまさに体現するように, 素晴らしい教科書も数学界への大変重要な貢献である. 数学について, ミルナー本人は,

What I love most about the study of mathematics is its anarchy!

と述べている[49, p. 9].

3　本書について

本書の目標は定理 9.1 の h 同境定理である. ここでは, 現代の観点から若干の補足を与えたい.

3.1　予備知識

本書を読み始めるために必須の予備知識は, 多様体だけである. 例えばモース理論やコホモロジーなどを知っている必要はない. 第 0 章は概要の説明なので, もしも知らないことがあっても, 最初は気にしなくてよい. 一般に, 未知の用語に出会ったときに頼りになるものとして『岩波 数学入門辞典』[2]と『岩波 数学辞典 第 4 版』[67]がある. 代数的トポロジーについて, ウェブサイト *Algebraic Topology: A guide to literature* (http://pantodon.jp/)は情報の宝庫である.

また, 本書では, 英語の教科書や講義録からいくつかの事実を引用しているが, それらは全てが標準的なものであり, 以下で紹介する日本語の教科書にも説明されているので安心するとよい.

多様体については, 本書の冒頭に定義は与えられているが, やはり標準的な教科書を読んでおいた方がよい. 例えば, 正則値の引き戻しは逆写像定理により部分多様体となることやベクトル場と積分曲線と一径数変換群の関係などは, その証明まで含めて復習しておくとよいだろう. 境界付き多様体やアイソトピーについては, 本書で詳しく解説されるので予め知っている必要

はない．また，サードの定理が本書では本質的に用いられるが，本書を読み進めるためには証明までを知っている必要はない．これら多様体の初歩については例えば[82,87]がある．

ホモトピー群については，本書では深い性質は使われないので，第6章までに単連結の意味がわかっていれば充分である．(コ)ホモロジーは第6章から本格的に使われる．例えばトム同型や有向閉多様体の基本類がわかっていると安心して読み進められる．CW 複体の(コ)ホモロジーと特異(コ)ホモロジーとの同型についても学んでおけば，切除同型や完全系列の使い方もわかり，本書の系 3.15 と定理 7.4 の準備となるだろう．部分多様体のホモロジー的な交叉数は定義 6.1 で導入され，ポアンカレ-レフシェッツ双対性は定理 7.5 で証明される．これら代数的トポロジーの初歩については例えば[21,30,38,66]がある．

リーマン幾何は，本書では議論を簡潔にするための便利な道具として扱われるだけであり，あまり気にする必要はない．例えば，補題 2.8 では勾配ベクトル場が使われ，第6章の補題 6.7 とその準備の補題 6.8 ではレビ-チビタ接続の測地線や平行移動が使われる．これらについてはやはり[41, Chapter 2]が最短コースである．ただし，リーマン幾何はもちろん単なる道具ではない．例えば[20,26,33,71,79]を参照のこと．

3.2　各章の概要

本書の目標である h 同境定理は，単連結性と次元の制約の下で，h 同境が積同境であることを主張する．h 同境とは，ホモロジーでは積同境と見分けられないということであり，h 同境定理は，ホモロジー的な条件から幾何学的な結論を出す．しかし，例えば，ポアンカレ球面と三次元球面は，ホモロジーでは識別できないが，微分同相ではなく，この観察こそがポアンカレ予想の出発点であった．普通は，ホモロジー的な弱い条件から微分同相のような幾何学的な強い結論を出すことはできない．では，h 同境定理では何故それが可能なのか．その心髄が定理 6.6 のホイットニーのトリックである．第6章以降を読むときには，単連結性と次元の制約が議論のどこで用いられているかを意識するとよいだろう．また，h 同境定理の本書での証明の特徴は，多様体の手術を同境として捉え，その具体的実行をモース関数と勾配状ベクトル場により実現するところにある．手術の本質はあくまでも同境のみによって定まるのだが，モース関数で手術を実行する順序を指定し，勾配状ベクトル場によって切り取り方と貼り合わせ方を記述する．

第0章から第3章までは準備である．[87]が参考になる．第0章は序論であり，本書の目的と概要が説明される．第1章では，本書の主役である多様体の三つ組と同境が導入される．定義1.7の擬同位は重要な概念だが，本書では第2章以降は用いられない．また，第6章や第9章では全アイソトピーが用いられるが，定義1.7の記号の下で，h_0 と h_1 が全アイソトピックであるとは，滑らかな写像 $F\colon M'\times I\to M'$ が存在して，各 F_t は微分同相写像であって，F_0 が恒等写像であり，$F_1\circ h_1=h_0$ となることである．第2章では，定義2.3で多様体の三つ組に適合したモース関数が導入され，定理2.5と定理2.7でその存在の稠密性が証明される．証明はやや長いが，基本的な議論の積み重ねである．また，補題2.8では臨界点を変えることなく臨界値を少しズラすことができると示されている．その応用として，系2.10ではどんなに複雑な同境でも単純な同境の積み重ねであると示される．定義3.10も参照のこと．第3章では，定義3.11で手術が導入される．手術は多様体を不連続に改変する操作であるが，同境として捉え直すことによって，滑らかな範疇で取り扱えるようになる．手術を具体的に実行するための道具がモース関数と勾配状ベクトル場であって，後者は定義3.1で導入される．勾配状ベクトル場の定義では，臨界点の周りで標準的な局所表示を持つことが肝要である．リーマン計量を与えれば勾配ベクトル場が定義できるが，勾配状ベクトル場は勾配ベクトル場と比べて，リーマン計量などの補助的手段を導入する必要がなく，変形も容易である．ちなみに，モース理論において勾配ベクトル場を使うことを思いついたのはトムのようだ[88]．ところで，勾配ベクトル場は勾配状ベクトル場とは限らないが，勾配状ベクトル場を勾配ベクトル場として実現するリーマン計量は常に存在する[84, Theorem B]．また，系3.5ではカラー近傍の存在と一意性が示されており，定理 1.4 での境界付き多様体の接合での微分構造の一意性をカラー近傍の一意性に帰着させている．定義 3.9 で導入される左側球体と右側球体は，力学系の用語では安定多様体と不安定多様体であり，ハンドル体の用語ではハンドルの心棒と太さを表す球面である．

第 4 章から第 8 章までが h 同境定理の証明の本丸である．特に，第 5 章と第 6 章が本書の山場であって，第 5 章で臨界点の幾何学的な解消が議論され，第 6 章で幾何学的な交叉と代数的な交叉の関係が議論される．

第 4 章では，定理 4.8 として自己指数付けられたモース関数の存在が示される．本書では，手術を同境として捉え，その具体的実行をモース関数と勾配状ベクトル場により実現する．前者は手術の順序を記述し，後者は手術の切り貼りの様相を記述する．手術の本質はあくまでも同境のみによって規定されるのだが，その実行の巧みさがモース関数と勾配状ベクトル場により表現される．まずは，定理 4.1 で，手術の切り貼りの様相が錯綜していなければ，同境が並び替えられることを示す．次に，定理 4.4 で，サードの定理と一般の位置の議論により，切り貼りされるものが小さければ，錯綜は解消されることを示す．両者を合わせることで，定理 4.8 として同境の並び替え定理が示される．すなわち，自己指数付けられたモース関数の存在が示されたことになる．ハンドル体の用語では，モース関数を自己指数付けすることは，ハンドルを次元ごとに整理することに当たる．

第 5 章では臨界点の幾何学的な解消が議論される．目標は定理 5.4 である．ミルナーが注としてわざわざ述べているように，その証明はたしかに長く厄介である．しかし，証明は小さな段階の積み重ねに整理されており，それぞれの段階では明快である．定義 5.1 で導入される横断性は，交わりが幾何学的に整然としていることを表しており，現代幾何において基本的な概念である．例えば，モース関数とは，その微分のグラフと零切断が横断的に交わっているような関数のことである．定理 5.4 では，手術の切り貼りの様相が整然としていれば同境が自明であると示される．第 6 章では，第 5 章での仮定をコホモロジーに対する代数的な条件に弱める．定義 6.1 で導入される交叉数は，符号付きで数えられているので，実際の交わりの個数よりも少ないかもしれないが，代数的に扱いやすい．目標は定理6.4である．その証明の核となる定理6.6は，ホイットニーのトリックとも呼ばれ，代数的な交叉数の条件から幾何学的な交叉についての結論を引き出す．本書の心髄である．ここにh同境定理における単連結性と次元の制約の仮定の所以がある．

第7章と第8章は，前二章の議論の整理である．第7章では，全ての臨界点を中間次元に集める．定理7.4は，現代的観点からはモースホモロジーと特異ホモロジーの同型を示している．ただし，本書では自己指数付けられたモース関数に対してのみモース複体が考察されているが，モース複体は自己指数付けられているとは限らないモース関数に対しても定義可能であり，さらに，そのためには安定多様体と不安定多様体の全てを使う必要はなく，二つの臨界点を結ぶ軌道だけ，すなわち，安定多様体と不安定多様体の交叉だけを考えれば充分である．第8章では，指数0と指数1の臨界点が処理される．ちなみに，指数1の臨界点の消去は四次元では現在でもおもしろい．

第9章では，今までのまとめとしてh同境定理が証明され，その応用として高次元球体の特徴付けと高次元ポアンカレ予想の証明が得られる．最後に「結びの注」で低次元のh同境定理についての当時の状況が言及されるが，現況は本解説の4.3.2を参照のこと．

4　本書の補足

4.1　ポアンカレ予想について

ポアンカレは1895年の論文[72]において現代的トポロジーを創始した．1900年のその第2補遺[73]では三次元球面はホモロジー群で特徴付けられるという誤った「定理」を証明なしで主張した．そして，1904年の第5補遺[74]において，この「定理」の反例を構成し，「単連結三次元閉多様体は三次元球面と同相であろう」という予想を提示した．これがポアンカレ予想である．

さて，単連結三次元閉多様体が三次元球面とホモトピー同値であることは，ポアンカレ双対性とフレヴィッチの定理から，すぐにわかるので，この予想は「三次元球面とホモトピー同値な閉多様体は三次元球面と同相であろう」と言い換えられる．この形でポアンカレ予想は一般化された．すなわち，一般化されたポアンカレ予想では，「自然数 n に対して，n 次元球面とホモトピー同値な n 次元閉多様体は n 次元球面と(微分)同相か」を問う．1956 年に，本書の著者のミルナーは，七次元球面と同相だが微分同相ではない七次元閉多様体(エキゾチック球面)を構成した[40]．1961 年に，スメールは，h 同境定理を証明し，その系として $n \geq 5$ でのポアンカレ予想を解決した[83]．本書の定理 9.1 と命題 B である．1982 年に，フリードマンは，四次元球面とホモトピー同値な四次元閉多様体は四次元球面と同相であることを示した[14]．2002 年に，ペレルマンは，本来の三次元でのポアンカレ予想を解決した[68–70]．ちなみに，四次元球面と同相な四次元閉多様体が四次元球面とさらに**微分**同相であるかどうかは 2024 年時点で未解決である．すなわち，四次元エキゾチック球面が存在するかどうかはわかっていない．

ポアンカレの論文と補遺には英訳[76]があり，ポアンカレ予想に関連する上記の 3 本は日本語訳[75]もある．ポアンカレ予想の歴史については[25, 27, 34, 51, 53]がある．ミルナーがエキゾチック球面を発見したときとスメールが高次元ポアンカレ予想を解決したときについては，それぞれ本人による物語[50, 85]があり，どちらもめっぽうおもしろい．また，スメールには伝記[5]もある．

4.2　h 同境定理のスメールによる証明

h 同境定理のスメールによる証明[83]では，モース関数そのものを扱うのではなく，ハンドル体の用語が使われている．ハンドル体による記述は，高次元多様体をまざまざと手でいじっているかのような実体感があり，本書の説明と相補的である．ただし，ハンドル体での議論は，技術的細部としては角の解消が煩わしく，無限次元化も難しい．ハンドル体による証明の概説は例えば[25,81]があり，完全な証明の解説は例えば[35,87]がある．

4.3　h 同境定理の二つの仮定について

h 同境定理には単連結性と次元の制約の仮定があった．どちらも単純に外すことはできない．

4.3.1　単連結性と s 同境定理

単連結性の仮定を弱めることについては，本書の第0章の最後に言及されているように，s 同境定理がある．まず，ミルナーは，レンズ空間と球面の直積 $L(7,1)\times S^4$ と $L(7,2)\times S^4$ が h 同境だが微分同相ではないことを示した．もちろん $L(7,1)\times S^4$ と $L(7,2)\times S^4$ は単連結ではない．従って，単連結性の仮定を安易に外すことはできない．この例は基本予想(Hauptvermutung)の反例を構成するときの副産物として得られたのだが，そのときに鍵となったのが単純ホモトピー同値とホワイトヘッドの捻れであり，h 同境定理の拡張においてもそうだった．すなわち，メイザーとバーデンとスターリングスによる s 同境定理によれば，h 同境 $(W;V,V')$ に対して，$\dim W\geq 6$ であれば，ホワイトヘッドの捻れ $\tau(W,V)$ が消えることは W が積同境と微分同相であることに同値である．ちなみに，W が単連結のときにはホワイトヘッドの捻れ $\tau(W,V)$ は消えており，s 同境定理はたしかに h 同境定理を拡張している．また，ホワイトヘッドの捻れ $\tau(W,V)$ が消えることは W と V が単純ホモトピー同値であることの必要十分条件であり，ホワイトヘッドの捻れが消えているような h 同境を s 同境という．s 同境の s は単純ホモトピー同値(simple homotopy equivalence)の s である．単純ホモトピー同値とホワイトヘッドの捻れについては，第0章で挙げられている文献に加えて，[8,43]もある．また，ホワイトヘッドの捻れの研究は，その後の代数的 K 理論の研究にもつながった[46].

4.3.2　次元の制約と「結びの注」

本書の最後の「結びの注」では，$n=3,4,5$ のときに n 次元 h 同境定理が成り立つかが未解決問題として挙げられている．

$n=3$ のときは現在では解決している．すなわち，三次元 h 同境定理の成立は三次元ポアンカレ予想が正しいことと同値であり，三次元ポアンカレ予想はペレルマンによって解決された[68–70]．

$n=4$ のときは現在でもあまり多くのことはわかっていないようだ．四次元 h 同境定理の成立は四次元エキゾチック球面の非存在と同値だが，四次元エキゾチック球面の存在問題は前述のように未解決である．また，例えば[7, 37, 39]などでは，微分構造を持たない四次元 s 同境であって積同境と同相ではないものの存在が示されている．

$n=5$ のときは，現在では多くのことがわかっており，活発な研究が続いている．現況の概説には[31, 81, 89]がある．そもそも，本書で解説された h 同境定理の証明が $n=5$ で破綻するのは，定理 6.6 のホイットニーのトリックがうまく働かないからである．$(W;V,V')$ を単連結な五次元 h 同境としよう．本書の定理 2.5 と定理 4.8 により，$(W;V,V')$ 上には自己指数付けられたモース関数 $f\colon W\to[-1/2,5+1/2]$ が存在する．さらに，定理 8.1 により，f には指数 0 と指数 1 の臨界点はないとしてよく，$(-f)$ を考えることで，f には指数 4 と指数 5 の臨界点もないとしてよい．ちなみに，このようなモース関数の存在から，四次元多様体に対するウォールの安定性定理が得られる[90, THEOREM 3]．さて，p と q をそれぞれ指数 2 と指数 3 の臨界点とする．p の右側球面 S_R と q の左側球面 S_L は，$M:=f^{-1}(2+1/2)$ の中で交わっている．定理 5.2 により，S_R と S_L の交わりは横断的としてよい．そして，もしもその交わりが一点であれば，定理 5.4 によって，臨界点 p と q は相殺できる．また，定理 7.8 の証明の中で示されているように，S_R と S_L のホモロジー的な交叉数は ±1 である．このとき，$n\geq6$ であれば，定理 6.4 の第 2 解消定理が結論できる．しかし，四次元多様体 M の中に埋め込まれた球面 S_R と S_L に対しては，一般の位置の議論を使うことができず，ホイットニーのトリックは破綻する．その超克には二つの方針がある．

一つ目の方針は，滑らかさを手放すことによってホイットニーのトリックを力業で押し進めることであって，キャッソンにより先鞭がつけられ，フリードマンの定理 $CH=H$ として結実した．その系として，五次元 h 同境は，単連結のとき，積同境と**同相**であることが示された[14]．念のために強調しておくが，結論は，微分同相ではなく，同相である．これらの解説には[6,15]がある．また，単連結とは限らないとき，五次元 s 同境が積同境と同相であるかは，基本群の複雑さに応じて部分的な解決はあるが，一般には未解決である．

二つ目の方針は，ホイットニーのトリックの破綻を真正面から受け止めることである．ドナルドソンは，単連結な五次元 h 同境であって，積同境とは微分同相にならないようなものを構成した[10]．ドナルドソンの手法は，本書のような微分トポロジー的な手法とは全く異なっており，非線型偏微分方程式の解のモジュライ空間を考察するという超越的なものである．その解説には[12,17]がある．

4.3.3 PL 多様体での h 同境定理について

本書の第 0 章の最後には，h 同境定理と s 同境定理は PL 多様体でも同様に成り立つと言及されている．例えば[28,78]を参照のこと．また，位相多様体での状況については[32, Essay III]がある．

4.4 本書以後の勉強について

本書を読み終わってからの勉強には次のようなことをおすすめしたい．

h 同境定理のハンドル体による証明は，本書の手法と相補的であり，よい復習になるだろう．また，本書の手法の延長線上には手術理論があり，その応用の一つが本書の(二つ目の)定理 9.1 としても引用されているエキゾチック球面の分類であって，次の目標として相応しい．これらが扱われている教科書には[35,87,91]がある．特に，[35]は，スメール[86, Vol. 1, p. 23]も推薦しているように，大変素晴らしく，次に読む本として推薦できる．

モース理論を続けて勉強するのもよいだろう．ミルナーによる教科書[41]が決定版である．また，本書の定理 7.4 はモースホモロジーの萌芽であり，これについては[3,4,16,80]がある.

スメールは h 同境定理と相前後して力学系を研究しており，本書の手法は力学系においても基本的である．例えば，定義 3.1 の勾配状ベクトル場が定める一径数変換群は，モース-スメール力学系として一般化される．力学系も次に勉強する分野として薦められる．入門書には[9,22,23,29]などがある.

四次元多様体論も推したい．例えば[19]は本書に続けて読めるだろう．そして，もしもゲージ理論に本気で挑戦するならば，まずは[13]がよい．また，上述のモースホモロジーは無限次元においてフレアホモロジーとなった．ゲージ理論におけるフレアホモロジーについては[11,36]がある．例えば[41]でも無限次元のモース理論は扱われているが，フレアホモロジーは $\frac{\infty}{2}$ 次元のモース理論として真に無限次元的であって，崇高である.

本解説を書くにあたり，入江慶・上正明・遠藤久顕・今野北斗・鈴木龍正・塚本真輝・西村良太朗・古田幹雄・森晃紀・森田陽介の各氏から意見をいただいた．また，編集者の大橋耕氏には本書の全体を通してお世話になった．この場を借りて感謝したい.

参考文献

[1] S. Akbulut, *4-manifolds*, Oxford University Press, 2016.

[2] 青本和彦ほか編著『岩波 数学入門辞典』岩波書店，2005.

[3] M. Audin and M. Damian, *Morse theory and Floer homology*, Springer; EDP Sciences, 2014. Translated from the French original by R. Erné.

[4] A. Banyaga and D. Hurtubise, *Lectures on Morse homology*, Kluwer Academic Publishers, 2004.

[5] S. Batterson, *Stephen Smale: the mathematician who broke the dimension barrier*, American Mathematical Society, 2000.

[6] S. Behrens, B. Kalmár, M. H. Kim, M. Powell, and A. Ray (eds.), *The disc embedding theorem*, Oxford University Press, 2021.

[7] S. E. Cappell and J. L. Shaneson, *On 4-dimensional s-cobordisms*, J. Differential Geom. **22** (1985), no. 1, 97–115.

[8] M. M. Cohen, *A course in simple-homotopy theory*, Springer-Verlag, 1973.

[9] C. Conley, *Isolated invariant sets and the Morse index*, American Mathematical Society, 1978.

[10] S. K. Donaldson, *Irrationality and the h-cobordism conjecture*, J. Differential Geom. **26** (1987), no. 1, 141–168.

[11] S. K. Donaldson, *Floer homology groups in Yang–Mills theory*, Cambridge University Press, 2002. With the assistance of M. Furuta and D. Kotschick.

[12] S. K. Donaldson and P. B. Kronheimer, *The geometry of four-manifolds*, Clarendon Press, 1990.

[13] D. S. Freed and K. K. Uhlenbeck, *Instantons and four-manifolds*, 2nd ed., Springer-Verlag, 1991.

[14] M. H. Freedman, *The topology of four-dimensional manifolds*, J. Differential Geom. **17** (1982), no. 3, 357–453.

[15] M. H. Freedman and F. Quinn, *Topology of 4-manifolds*, Princeton University Press, 1990.

[16] 深谷賢治『シンプレクティック幾何学』岩波書店，2008.

[17] 深谷賢治『ゲージ理論とトポロジー』丸善出版，2012.

[18] L. R. Goldberg and A. V. Phillips (eds.), *Topological methods in modern mathematics: A symposium in honor of John Milnor's sixtieth birthday*, Publish or Perish, 1993.

[19] R. E. Gompf and A. I. Stipsicz, *4-manifolds and Kirby calculus*, American Mathematical Society, 1999.

[20] M. Gromov, *Sign and geometric meaning of curvature*, Rend. Sem. Mat. Fis. Milano **61** (1991), no. 1, 9–123.

[21] 服部晶夫『位相幾何学』岩波書店，1991.

[22] M. W. Hirsch, S. Smale, R. L. Devaney (桐木紳ほか訳)『力学系入門——微分方程式からカオスまで 原著第3版』共立出版，2017.

[23] H. Hofer and E. Zehnder, *Symplectic invariants and Hamiltonian dynamics*, Birkhäuser, 2011.

[24] H. Holden and R. Piene (eds.), *The Abel Prize 2008–2012*, Springer, 2014.

［25］本間龍雄『ポアンカレ予想物語』日本評論社，1985.

［26］加須栄篤『リーマン幾何学』培風館，2001.

［27］春日真人『100 年の難問はなぜ解けたのか——天才数学者の光と影』新潮文庫，2011.

［28］加藤十吉『組合せ位相幾何学』岩波書店，1976.

［29］A. Katok and B. Hasselblatt, *Introduction to the modern theory of dynamical systems*, Cambridge University Press, 1995. With a supplementary chapter by A. Katok and L. Mendoza.

［30］河澄響矢『トポロジーの基礎(上・下)』東京大学出版会，2022.

［31］R. C. Kirby, *The topology of 4-manifolds*, Springer-Verlag, 1989.

［32］R. C. Kirby and L. C. Siebenmann, *Foundational essays on topological manifolds, smoothings, and triangulations*, Princeton University Press; University of Tokyo Press, 1977. With notes by J. Milnor and M. Atiyah.

［33］S. Kobayashi and K. Nomizu, *Foundations of differential geometry*, Vol. I, II, John Wiley & Sons, 1996.

［34］小島定吉『ポアンカレ予想——高次元から低次元へ』共立出版，2022.

［35］A. A. Kosinski, *Differential manifolds*, Academic Press, 1993.

［36］P. Kronheimer and T. Mrowka, *Monopoles and three-manifolds*, Cambridge University Press, 2007.

［37］S. Kwasik and R. Schultz, *On s-cobordisms of metacyclic prism manifolds*, Invent. Math. **97** (1989), no. 3, 523–552.

［38］枡田幹也『代数的トポロジー』朝倉書店，2002.

［39］T. Matumoto and L. Siebenmann, *The topological s-cobordism theorem fails in dimension 4 or 5*, Math. Proc. Cambridge Philos. Soc. **84** (1978), no. 1, 85–87.

［40］J. Milnor, *On manifolds homeomorphic to the 7-sphere*, Ann. of Math. **64** (1956), no. 2. 399–405.

［41］J. Milnor, *Morse theory*, Princeton University Press, 1963. Based on lecture notes by M. Spivak and R. Wells.

［42］J. Milnor, *Lectures on the h-cobordism theorem*, Princeton University Press, 1965. Notes by L. Siebenmann and J. Sondow.（本書）

［43］J. Milnor, *Whitehead torsion*, Bull. Amer. Math. Soc. **72** (1966), no. 3, 358–426.

［44］J. Milnor, *Singular points of complex hypersurfaces*, Princeton University

Press; University of Tokyo Press, 1968.

[45] Дж Милнор, Теорема об h-кобордизме, Izdat. "Mir", 1969 (Russian). Translated from the English original by É. G. Belaga.

[46] J. Milnor, *Introduction to algebraic K-theory*, Princeton University Press; University of Tokyo Press, 1971.

[47] J. Milnor, *Collected papers of John Milnor*, Vol. I. Geometry, Publish or Perish, 1994.

[48] J. Milnor, *Topology from the differentiable viewpoint*, Princeton University Press, 1997. Based on notes by D. W. Weaver; Revised reprint of the 1965 original.

[49] J. Milnor, *Growing up in the old Fine Hall*, in *Prospects in mathematics* (H. Rossi, ed.), American Mathematical Society, 1999, pp. 1–11.

[50] J. Milnor, *Classification of $(n-1)$-connected $2n$-dimensional manifolds and the discovery of exotic spheres*, in *Surveys on surgery theory: Papers dedicated to C. T. C. Wall* (S. Cappell, A. Ranicki, and J. Rosenberg, eds.), Vol. 1, Princeton University. Press, 2000, pp. 25–30.

[51] J. Milnor, *Towards the Poincaré conjecture and the classification of 3-manifolds*, Notices Amer. Math. Soc. **50** (2003), no. 10, 1226–1233.

[52] J. ミルナー(志賀浩二訳)『モース理論——多様体上の解析学とトポロジーとの関連』吉岡書店, 2003.

[53] J. Milnor, *The Poincaré conjecture*, in *The millennium prize problems* (J. Carlson, A. Jaffe, and A. Wiles, eds.), AMS and Clay Math. Inst., 2006, pp. 71–83.

[54] J. Milnor, *Dynamics in one complex variable*, 3rd ed., Princeton University Press, 2006.

[55] J. Milnor, *Collected papers of John Milnor*, Vol. III. Differential topology, American Mathematical Society, 2007.

[56] J. Milnor, *Collected papers of John Milnor*, Vol. II. The fundamental group, American Mathematical Society, 2009.

[57] J. Milnor, *Collected papers of John Milnor* (J. McCleary, ed.), Vol. IV. Homotopy, homology and manifolds, American Mathematical Society, 2009.

[58] J. Milnor, *Collected papers of John Milnor* (H. Bass and T. Y. Lam, eds.), Vol. V. Algebra, American Mathematical Society, 2010.

[59] J. Milnor, *Collected papers of John Milnor* (A. Bonifant, ed.), Vol. VI. Dynamical systems (1953-2000), American Mathematical Society, 2012.

[60] J. W. ミルナー(蟹江幸博訳)『微分トポロジー講義』丸善出版, 2012.

[61] J. W. ミルナー(佐伯修・佐久間一浩訳)『複素超曲面の特異点』丸善出版, 2012.

[62] J. W. ミルナー・J. D. スタシェフ(佐伯修・佐久間一浩訳)『特性類講義』丸善出版, 2012.

[63] J. Milnor, *Collected papers of John Milnor* (A. Bonifant, ed.), Vol. VII. Dynamical systems (1984-2012), American Mathematical Society, 2014.

[64] J. Milnor, *Autobiography*, in *The Abel Prize 2008-2012* (H. Holden and R. Piene, eds.), Springer, 2014, pp. 353-360.

[65] J. Milnor and D. Husemoller, *Symmetric bilinear forms*, Springer-Verlag, 1973.

[66] J. W. Milnor and J. D. Stasheff, *Characteristic classes*, Princeton University Press; University of Tokyo Press, 1974.

[67] 日本数学会編『岩波 数学辞典 第4版』岩波書店, 2007.

[68] G. Perelman, *The entropy formula for the Ricci flow and its geometric applications*, arXiv:math/0211159 (2002).

[69] G. Perelman, *Ricci flow with surgery on three-manifolds*, arXiv:math/0303109 (2003).

[70] G. Perelman, *Finite extinction time for the solutions to the Ricci flow on certain three-manifolds*, arXiv:math/0307245 (2003).

[71] P. Petersen, *Riemannian geometry*, 3rd ed., Springer, 2016.

[72] H. Poincaré, *Analysis situs*, Journal de l'École Polytechnique **1** (1895), no. 2, 1-123.

[73] H. Poincaré, *Second complément à l'analysis situs*, Proc. London Math. Soc. **32** (1900), no. 1, 277-308.

[74] H. Poincaré, *Cinquième complément à l'Analysis situs*, Rend. Circ. Mat. Palermo **18** (1904), no. 1, 45-110.

[75] H. ポアンカレ(齋藤利弥訳)『ポアンカレ トポロジー』朝倉書店, 1996.

[76] H. Poincaré, *Papers on topology: Analysis situs and its five supplements*, American Mathematical Society; London Mathematical Society, 2010. Translated and with an introduction by J. Stillwell.

[77] M. Raussen and C. Skau, *Interview with John Milnor*, Notices Amer.

Math. Soc. **59** (2012), no. 3, 400–408.

[78] C. P. Rourke and B. J. Sanderson, *Introduction to piecewise-linear topology*, Rev. ed., Springer, 1982.

[79] 酒井隆『リーマン幾何学』裳華房, 1992.

[80] M. Schwarz, *Morse homology*, Birkhäuser Verlag, 1993.

[81] A. Scorpan, *The wild world of 4-manifolds*, American Mathematical Society, 2005.

[82] 志賀浩二『多様体論』岩波書店, 1990.

[83] S. Smale, *Generalized Poincaré's conjecture in dimensions greater than four*, Ann. of Math. **74** (1961), no. 2, 391–406.

[84] S. Smale, *On gradient dynamical systems*, Ann. of Math. **74** (1961), no 1, 199–206.

[85] S. Smale, *The story of the higher dimensional Poincaré conjecture* (*what actually happened on the beaches of Rio*), in *From topology to computation: Proceedings of the Smalefest* (M. W. Hirsch, J. E. Marsden, and M. Shub, eds.), Springer-Verlag, 1993, pp. 27–40.

[86] S. Smale, *The collected papers of Stephen Smale*, Vol. 1–3 (F. Cucker and R. Wong, eds.), Singapore University Press; World Scientific Publishing, 2000.

[87] 田村一郎『微分位相幾何学』岩波書店, 1992.

[88] R. Thom, *Sur une partition en cellules associée à une fonction sur une variété*, C. R. Acad. Sci. Paris **228** (1949), 973–975.

[89] 上正明・松本幸夫『4 次元多様体(I・II)』朝倉書店, 2022.

[90] C. T. C. Wall, *On simply-connected 4-manifolds*, J. London Math. Soc. **39** (1964), no. 1, 141–149.

[91] C. T. C. Wall, *Differential topology*, Cambridge University Press, 2016.

索　引

ハ 行

マ 行

ヤ 行

ラ 行

J. W. ミルナー (John Willard Milnor)
1931年アメリカ・ニュージャージー州オレンジに生まれる．1954年にプリンストン大学のラルフ・フォックスの下で学位を取得．プリンストン大学，マサチューセッツ工科大学，プリンストン高等研究所を経て，1988年よりニューヨーク州立大学ストーニーブルック校教授．1962年フィールズ賞，1989年ウルフ賞，2011年アーベル賞を受賞．

松尾信一郎
2010年東京大学大学院数理科学研究科博士課程修了．博士(数理科学)．名古屋大学大学院多元数理科学研究科准教授．専門は幾何解析．興味は無限と空間と複雑．監訳書に『K 理論』(岩波書店)．

川辺治之
1985年東京大学理学部数学科卒．現在，BIPROGY株式会社総合技術研究所主席研究員．訳書に『K 理論』(岩波書店)，『活躍する圏論――具体例からのアプローチ』(共立出版)ほか．

h 同境定理　J. W. ミルナー

2024年11月14日　第1刷発行

監訳者　松尾信一郎（まつお しんいちろう）

訳　者　川辺治之（かわべ はるゆき）

発行者　坂本政謙

発行所　株式会社 岩波書店
〒101-8002 東京都千代田区一ツ橋 2-5-5
電話案内 03-5210-4000
https://www.iwanami.co.jp/

印刷・法令印刷　カバー・半七印刷　製本・牧製本

ISBN 978-4-00-005097-5　　Printed in Japan